持久性有机污染物（POPs）防治知识问答

CHIJIUXING YOUJI WURANWU FANGZHI ZHISHI WENDA

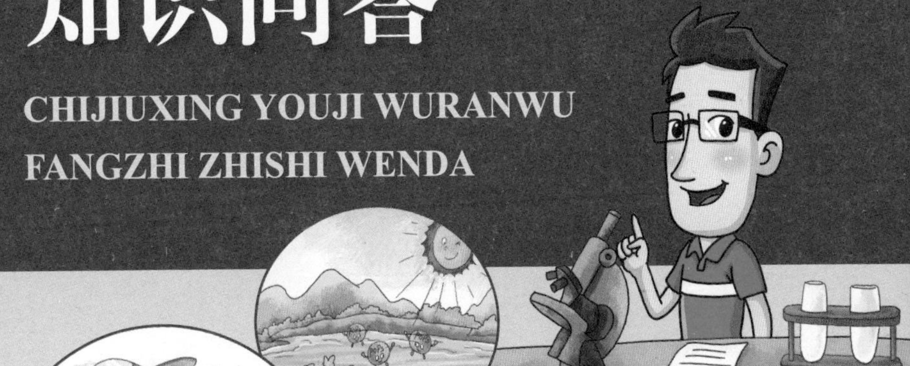

二噁英

落叶剂

POPs污染场地的修复

环境保护部科技标准司
中国环境科学学会
主编

中国环境出版社·北京

图书在版编目（CIP）数据

持久性有机污染物（POPs）防治知识问答 / 环境保护部科技标准司，中国环境科学学会主编．-- 北京 : 中国环境出版社，2016.11
（环保科普丛书）
ISBN 978-7-5111-2871-3

Ⅰ．①持… Ⅱ．①环… ②中… Ⅲ．①持久性—有机污染物—污染防治—问题解答 Ⅳ．① X5-44

中国版本图书馆 CIP 数据核字（2016）第 170081 号

出 版 人　王新程
责任编辑　沈　建　董蓓蓓
责任校对　尹　芳
装帧设计　金　喆

出版发行　中国环境出版社
（100062 北京市东城区广渠门内大街 16 号）
网　　址：http://www.cesp.com.cn
电子邮箱：bjgl@cesp.com.cn
联系电话：010-67112765（编辑管理部）
发行热线：010-67125803，010-67113405（传真）
印　　刷　北京中科印刷有限公司
经　　销　各地新华书店
版　　次　2016 年 11 月第 1 版
印　　次　2016 年 11 月第 1 次印刷
开　　本　880×1230　1/32
印　　张　4.75
字　　数　100 千字
定　　价　24.00 元

《环保科普丛书》编著委员会

顾　　问：吴晓青

主　　任：刘志全

副 主 任：任官平

科学顾问：郝吉明　孟　伟　曲久辉　任南琪

主　　编：易　斌　张远航

副 主 编：陈永梅

编　　委：（按姓氏拼音排序）

鲍晓峰　曹保榆　柴发合　陈　胜　陈永梅
崔书红　高吉喜　顾行发　郭新彪　郝吉明
胡华龙　江桂斌　李广贺　李国刚　刘海波
刘志全　陆新元　孟　伟　潘自强　任官平
邵　敏　舒俭民　王灿发　王慧敏　王金南
王文兴　吴舜泽　吴振斌　夏　光　许振成
杨　军　杨　旭　杨朝飞　杨志峰　易　斌
于志刚　余　刚　禹　军　岳清瑞　曾庆轩
张远航　庄娱乐

《持久性有机污染物（POPs）防治知识问答》编委会

《环保科普丛书》序

我国正处于工业化中后期和城镇化加速发展的阶段，结构型、复合型、压缩型污染逐渐显现，发展中不平衡、不协调、不可持续的问题依然突出，环境保护面临诸多严峻挑战。环保是发展问题，也是重大的民生问题。喝上干净的水，呼吸上新鲜的空气，吃上放心的食品，在优美宜居的环境中生产生活，已成为人民群众享受社会发展和环境民生的基本要求。由于公众获取环保知识的渠道相对匮乏，加之片面性知识和观点的传播，导致一些重大环境问题出现时，往往伴随着公众对事实真相的疑惑甚至误解，引起了不必要的社会矛盾。这既反映出公众环保意识的提高，同时也对我国环保科普工作提出了更高要求。

当前，是我国深入贯彻落实科学发展观、全面建成小康社会、加快经济发展方式转变、解决突出资源环境问题的重要战略机遇期。大力加强环保科普工作，提升公众科学素质，营造有利于环境保护的人文环境，增强公众获取和运用环境科技知识的能力，把保护环境的意识转化为自觉行动，是环境保护优化经济发展的必然要求，对于推进生态文明建设，积极探索环保新道路，实现环境保护目标具有重要意义。

国务院《全民科学素质行动计划纲要》明确提出要大力提升公众的科学素质，为保障和改善民生、促进经济长期平稳快速发展和社会和谐提供重要基础支撑，其中在实施科普资源开发与共享工程方面，要求我们要繁荣科普创作，推出更多思想性、群众性、艺术性、观赏性相统一，人民群众喜闻乐见的优秀科普作品。

环境保护部科技标准司组织编撰的《环保科普丛书》正是基于这样的时机和需求推出的。丛书覆盖了同人民群众生活与健康息息相关的水、气、声、固废、辐射等环境保护重点领域，以通俗易懂的语言，配以大量故事化、生活化的插图，使整套丛书集科学性、通俗性、趣味性、艺术性于一体，准确生动、深入浅出地向公众传播环保科普知识，可提高公众的环保意识和科学素质水平，激发公众参与环境保护的热情。

我们一直强调科技工作包括创新科学技术和普及科学技术这两个相辅相成的重要方面，科技成果只有为全社会所掌握、所应用，才能发挥出推动社会发展进步的最大力量和最大效用。我们一直呼吁广大科技工作者大力普及科学技术知识，积极为提高全民科学素质作出贡献。现在，我欣喜地看到，广大科技工作者正积极投身到环保科普创作工作中来，以严谨的精神和积极的态度开展科普创作，打造精品环保科普系列图书。我衷心希望我国的环保科普创作不断取得更大成绩。

吴晓青

中华人民共和国环境保护部副部长

二〇一二年七月

前言

持久性有机污染物（POPs）是人类生产合成或伴随人类生活和工业生产产生的一类化学物质。由于其难降解、毒性大、可长距离迁移等特点，其生产、使用和排放对人民群众健康和生态环境构成了严重威胁，成为全球关注的环境污染物。为避免环境和人类健康受到POPs的危害，国际社会于2001年5月共同通过了《关于持久性有机污染物的斯德哥尔摩公约》，决定全球携手共同应对POPs这一顽敌。

2007年国务院批准了《中国履行斯德哥尔摩公约国家实施计划》（以下简称《国家实施计划》）。为落实《国家实施计划》要求，2009年4月16日，环境保护部会同国家发展和改革委员会等10个相关管理部门联合发布《关于禁止生产、流通、使用和进出口滴滴涕、氯丹、灭蚁灵及六氯苯的公告》（2009年23号），决定自2009年5月17日起，禁止在中国境内生产、流通、使用和进出口"滴滴涕"、"氯丹"、"灭蚁灵"及"六氯苯"（"滴滴涕"用于可接受用途除外），兑现了中国关于2009年5月停止特定豁免用途、全面淘汰杀虫剂POPs的履约承诺。

为深入贯彻落实《国家实施计划》，加快解决影响可持续发展和危害人民群众健康的POPs环境污染问题，保障和改善民生，基于全国POPs调查结果，根据国民经济和社会发展"十二五"规划纲要、国家环境保护

“十二五”规划和《国家实施计划》的有关目标和要求，我国特制定了《全国主要行业持久性有机污染物污染防治“十二五”规划》。尽管我国已经在POPs污染防治上做出了大量卓有成效的努力，但当前POPs污染防治的形势依然十分严峻。

解决POPs污染问题与每个公民的切身利益息息相关，需要公众的积极参与，而目前我国公众对POPs问题的认识度远小于对其他传统污染物的认识。《持久性有机污染物（POPs）防治知识问答》一书，力求通过通俗易懂的语言，以图文并茂的形式向公众客观、科学地介绍POPs防治相关科学知识，希望通过提高公众的认识来提高POPs防治工作的公众参与度。

由于作者知识和时间所限，书中的不足之处敬请读者指正为感。

编者

二〇一四年十月

目录

第一部分 POPs 基本知识 1

第二部分 环境中的 POPs 23

第三部分 POPs 的危害 41

第一部分
POPs 基本知识

1. 什么是持久性有机污染物（POPs）？

持久性有机污染物，是指具有高毒性，在环境中难以降解，可生物积累，能通过空气、水和迁徙物种进行长距离越境迁移并沉积到远离其排放地点的地区，并能够在陆地生态系统和水域生态系统中积累，对环境和生物体造成负面影响的天然或人工合成的有机物。其英文全称为 Persistent Organic Pollutants，缩写为 POPs。

2. POPs 具有什么特性？

根据 POPs 的定义，POPs 同时具有下列四个方面的重要特性：

（1）环境持久性：POPs 的结构非常稳定，在自然条件下很难发生降解。一旦进入环境中，它们将在水体、土壤和底泥等环境介质以及生物体中长期残留。残留时间可长达数年甚至数十年。

（2）生物累积性：POPs 具有很强的亲脂憎水性，即：不溶或者微溶于水，而易分配在脂肪中。由于野生动物及人体中都含有脂肪组织，当 POPs 通过各种接触途径被生物体摄入后，在脂肪组织中累积而形成“生物蓄积”。食物链中由于捕食关系的存在，处于更高营养级的生物因不断捕食体内含 POPs 的低营养级生物，其体内将会蓄积更高浓度的 POPs。

（3）长距离迁移能力：POPs 具有半挥发性，这使得它们能够通过蒸发进入大气中，以游离气体存在或者吸附在大气颗粒物上，并能够随着大气扩散、水体流动以及生物体的迁徙等实现长远距离迁移。

（4）高毒性：POPs 大多具有“三致”（致癌、致畸、致突变）效应，人类和动物通过饮食和环境污染等途径摄入或接触到 POPs，将可能导致生殖、遗传、免疫、神经、内分泌等系统等受到严重的负面影响，危害身体健康。

3. 什么是《斯德哥尔摩公约》？

2001 年 5 月 22 日，包括中国在内的 90 多个国家在瑞典斯德哥尔摩共同通过了《关于持久性有机污染物的斯德哥尔摩公约》（简称《斯德哥尔摩公约》），它是国际社会鉴于 POPs 对全人类可能造成的严重危害，为淘汰和削减 POPs 的生成和排放、保护环境和人类免受 POPs 的危害而共同签署的一项重要的国际环境公约。该公约共分

30 条、6 个附件。当时列入公约管控的 POPs 物质仅有 12 种，公约缔约方大会可以不断对公约附件进行修订，增列新的 POPs 物质。

4.《斯德哥尔摩公约》中规定的 POPs 的甄选标准有哪些？

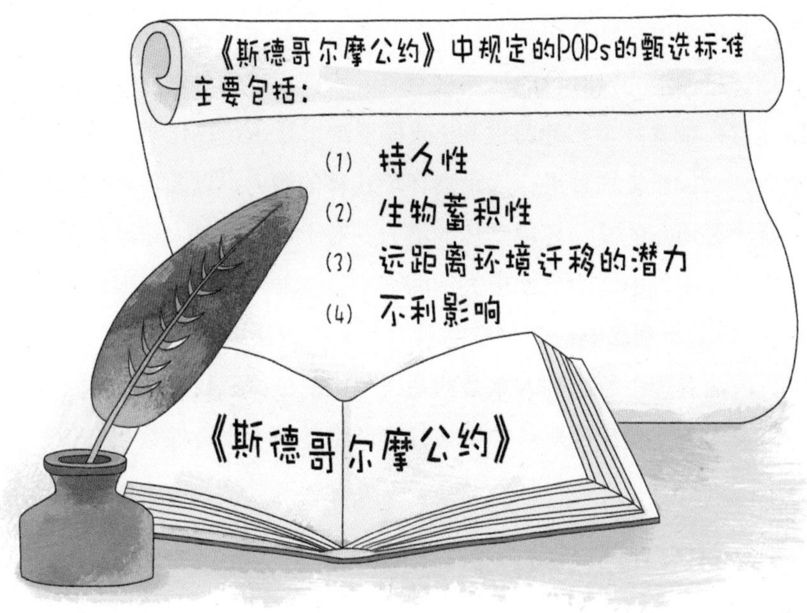

《斯德哥尔摩公约》中规定的 POPs 的甄选标准主要包括下列几个方面：

（1）持久性：化学品在水中的半衰期大于 2 个月，或在土壤中的半衰期大于 6 个月，或在沉积物中的半衰期大于 6 个月；或该化学品具有其他足够持久性、因而足以有理由考虑将之列入公约适用范围的证据。

（2）生物蓄积性：该化学品在水生物种中的生物浓缩系数或生物蓄积系数大于 5 000，或者如果没有生物浓缩系数和生物蓄积系数数据的话，要求正辛醇 / 水分配系数（$\lg K_{ow}$）值大于 5；或者有生物区系的监测数据显示，该化学品所具有的生物蓄积潜力足以有理由考虑将其列入公约的适用范围。

（3）远距离环境迁移的潜力：在远离其排放源的地点测得的该化学品的浓度可能会引起关注；有监测数据显示该化学品具有向环境受体转移的潜力，且可能已通过空气、水或迁徙物种进行了远距离环境迁移；或者环境归趋特性和 / 或模型结果显示，该化学品具有通过空气、水或迁徙物种进行远距离环境迁移的潜力，以及转移到远离物质排放源地点的某一环境受体的潜力。对于通过空气大量迁移的化学品，其在空气中的半衰期应大于两天。

（4）不利影响：该化学品具有对人类健康或对环境产生不利影响，因而有理由将之列入本公约适用范围的证据；或者该化学品具有可能会对人类健康或对环境造成损害的毒性或生态毒性数据。

5. POPs 的危害有哪些？

POPs 物质在低浓度时也会对生物体造成伤害，并且还具有生物放大效应，可通过生物链逐渐积聚成高浓度，从而造成更大的危害。POPs 对人体的危害主要有以下 4 个方面：

（1）对新生儿的影响：可能会使婴儿出生体重降低、发育不良、骨骼发育障碍和代谢紊乱，这些都将对人的一生产生影响。

（2）对神经系统产生危害：使注意力紊乱，免疫系统受到抑制。

（3）对生殖系统的危害：导致男性患睾丸癌、精子数降低、生殖功能异常、新生儿性别比例失调，女性患乳腺癌、青春期提前等，不仅对个体产生危害，而且对其后代也会造成永久性的影响。

（4）对癌症的影响：POPs 可直接或间接地造成人体癌变，对人体的危害很大。

POPs对人体的主要危害

对新生儿的影响

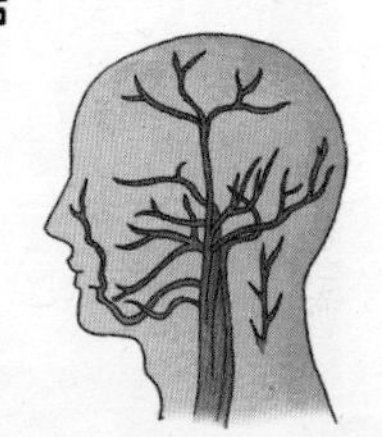

对神经系统产生危害，使注意力紊乱、免疫系统受到抑制

对生殖系统的危害

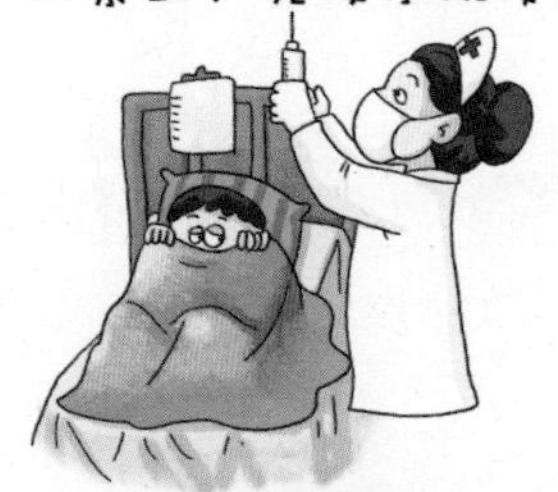

癌症的影响

6. 有哪些 POPs 被列入《斯德哥尔摩公约》？

目前，《斯德哥尔摩公约》除了第一批 12 种 POPs 物质外，2009 年、2011 年、2013 年和 2015 年又分四批新增选了 14 种受控 POPs。

批准年	种类	具体物质
2001	12	艾氏剂、狄氏剂、异狄氏剂、DDT、六氯苯、氯丹、灭蚁灵、毒杀芬、七氯、多氯联苯（PCBs）、多氯联苯并-对-二噁英（PCDDs）、多氯联苯并呋喃（PCDFs）
2009	9	林丹、α-六氯环己烷（HCH）、β-六氯环己烷、商用五溴联苯醚、商用六溴二苯、开蓬、商用八溴二苯醚、全氟辛基磺酸及其盐类和全氟辛基磺酰氟、五氯苯
2011	1	硫丹
2013	1	六溴环十二烷（HBCD）
2015	3	六氯丁二烯、五氯苯酚及其盐和酯、多氯化萘

7. 什么是 UP-POPs？

POPs中绝大多数物质是人类为了满足社会、经济、生活需求而生产合成的化学物质。但还有一些不是人类有意生产，而是伴随人类生活和工业生产产生的一类化学物。UP-POPs是指不是人类故意生产，而是在各种人类活动过程中非故意产生的副产物类持久性有机污染物，故称为非故意产生的持久性有机污染物（Unintentionally Produced Persistent Organic Pollutants），如列入《斯德哥尔摩公约》的二噁英类POPs。UP-POPs会随烟气、废渣等排放进入环境。UP-POPs不是二噁英类POPs的专用名词，多氯联苯、多氯萘、五氯苯和六氯苯等主要是人们作为化工产品而生产的，同时它们也会在一些人类生活和工业过程中无意生成，所以它们也在特定情形下被称为UP-POPs。

8. 《斯德哥尔摩公约》受控POPs中有哪些有机氯农药?

目前《斯德哥尔摩公约》中列入全球控制的POPs中大多数是有机氯农药，包括：

（1）艾氏剂（Aldrin）：用于防治地下害虫和某些大田、饲料、蔬菜、果实作物害虫，是一种极为有效的触杀和胃毒剂。

（2）狄氏剂（Dieldrin）：用于控制白蚁、纺织品类害虫、森林害虫、棉作物害虫和地下害虫，以及防治热带蚊蝇传播疾病。

（3）异狄氏剂（Endrin）：用于喷洒棉花和谷物等大田作物叶片的特效杀虫剂。

（4）滴滴涕（DDT）：曾用于防治棉田后期害虫、果树和蔬菜害虫，具有触杀、胃毒作用。目前用于防治蚊蝇传播的疾病。

（5）六氯苯（HCB）：仍用于种子杀菌、防治麦类黑穗病和土壤消毒，以及有机合成。同时，是某些化工生产中的中间体或副产品。

（6）七氯（Heptachlor）：用于防治地下害虫、棉花后期害虫及禾本科作物及牧草害虫，具有杀灭白蚁、火蚁、蝗虫的功效。

（7）氯丹（Chlordane）：用于防治高粱、玉米、小麦、大豆及林业苗圃等地下害虫，是一种具有触杀、胃毒及熏蒸作用的广谱杀虫剂。同时因具有杀灭白蚁、火蚁的功效，也用于建筑基础防腐。

（8）灭蚁灵（Mirex）：具有胃毒作用，广泛用于防治白蚁、火蚁等多种蚁虫。

（9）毒杀芬（Toxaphene）：用于棉花、谷物、坚果、蔬菜、林木以及牲畜体外寄生虫的防治，具有触杀、胃毒作用。

（10）五氯酚（(Pentachlorophenol）：作为一种高效、价廉的广谱杀虫剂、防腐剂、除草剂，曾长期在世界范围内使用。我国从 20 世纪 60 年代早期开始，曾在血吸虫病流行区大量使用五氯酚，来杀灭血吸虫的中间宿主钉螺。另外五氯酚还用作木材防腐剂。

（11）六六六（HCH）：又称六氯环己烷，是一种有机氯杀虫剂，具有触杀、胃毒和熏蒸杀虫作用，可以防除水稻、棉花、仓库害虫以及卫生害虫，有 8 种同分异构体，其中 γ 异构体（又名林丹）杀虫效力最高、α 异构体次之 、δ 异构体又次之、β 异构体效率极低。其中，α-、β -、γ - 三个异构体已经于 2009 年列入了公约。

（12）开蓬（Kepone）：又名十氯酮，用于防治白蚁、地下害虫、马铃薯上的咀嚼口器害虫；还可防治苹果蠹蛾、红带卷叶虫；对番茄晚疫病、红斑病、白菜霜腐病等也有效果；对防治咀嚼口器害虫有效，对刺吸口器害虫低效。

（13）硫丹（Endosulfan）：广谱杀虫杀螨，对果树、蔬菜、茶树、棉花、大豆、花生等多种作物害虫害螨有良好防效。兼具触杀、胃毒和熏蒸多种作用，害虫不易产生抗性。

9. 什么是多氯联苯（PCBs）？

多氯联苯（PCBs）是在其母体——联苯（Biphenyl）分子的两个苯环上有一定数目的氢被氯原子所取代而形成的。因氯原子取代数目和位置的不同，PCBs 共有 209 种可能的结构。

Cl_x Cl_y

联苯（Biphenyl）　　多氯联苯（PCBs）

PCBs 属工业化学品。一般多是混合物，在常温下，随所含氯原子的多少，可能为液状、水饴液或树脂状，是一种化学性质极为稳定的化合物。由于性能稳定、不易燃烧、绝缘性能良好，PCBs 在工业上应用较广，可用于电力电容器、变压器、胶黏剂、墨汁、油墨、催化剂载体、绝缘电线等的生产中；同时也用于天然及合成橡胶的增塑剂，使胶料具有自黏性和互黏性。

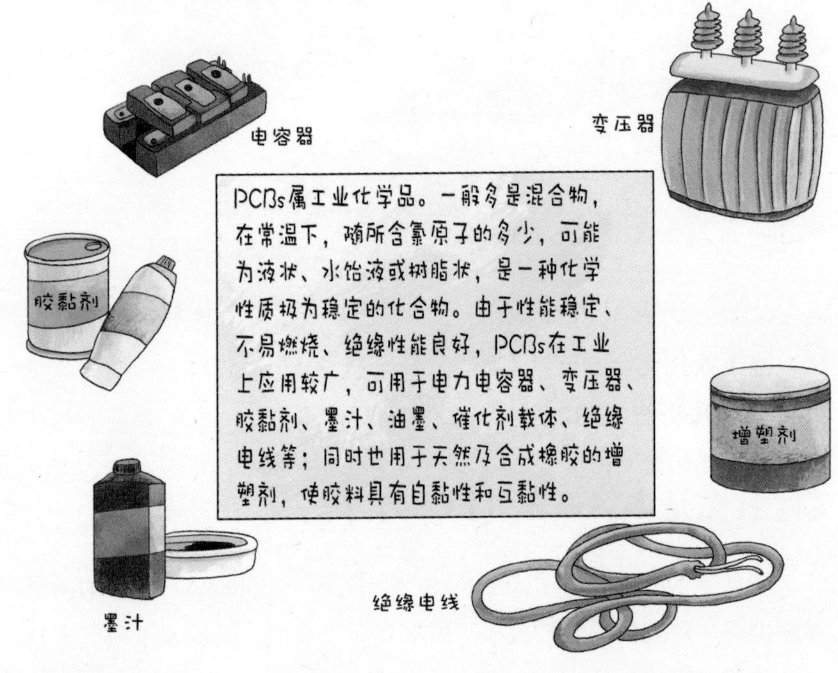

10. 什么是“二噁英”和“二噁英类化合物”？

二噁英（Dioxin）包括多氯二苯并 - 对 - 二噁英（polychlorinated dibenzo-*p*-dioxins，PCDDs）和多氯二苯并呋喃（polychlorinated dibenzofurans，PCDFs）。由 2 个氧原子联结 2 个被氯原子取代的苯环为 PCDDs；由 1 个氧原子联结 2 个被氯原子取代的苯环为

PCDFs。每个苯环上都可以取代 1 ～ 4 个氯原子，从而形成众多的异构体，其中 PCDDs 有 75 种异构体，PCDFs 有 135 种异构体。自然界的微生物和水解作用对二噁英的分子结构影响较小，因此，环境中的二噁英很难自然降解消除。它的毒性很大，有“世纪之毒”之称。

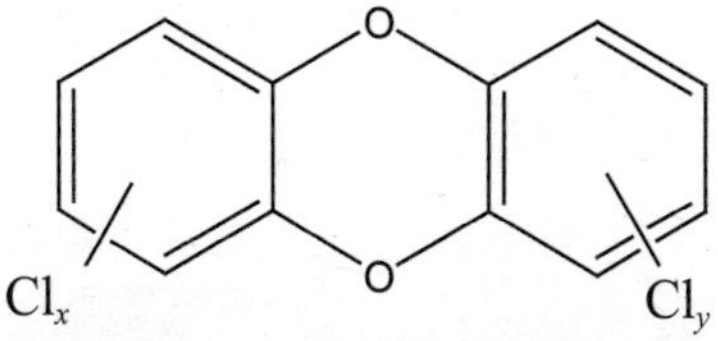

Cl_x Cl_y Cl_x Cl_y

多氯二苯并 - 对 - 二噁英（PCDDs） 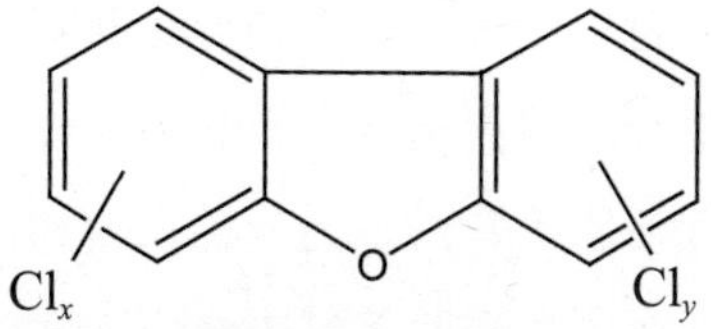　　多氯二苯并呋喃（PCDFs）

而二噁英类化合物（Dioxin-like Chemicals, DLCs）则是具有二噁英活性的更广泛的卤代芳烃化合物的统称，除了 PCDDs 和 PCDFs 外，还包括部分 PCBs、多氯联苯醚（PCDEs）和多氯代萘（PCNs）等。同时除了氯代化合物外，多溴代二苯并 - 对 - 二噁英（PBDDs）、多溴代二苯并呋喃（PBDFs）、部分多溴联苯（PBBs）及其他混合卤代化合物（如氯与溴的混合取代物）也包括在内。这样分类是因为它们都可以通过共同的毒性机制——芳烃受体（Ah 受体）发挥作用，这些化合物在化学上具有共平面结构，能够与 Ah 受体结合启动细胞内的信号传导通路，发挥毒性作用。

11. 什么是多溴联苯醚（PBDEs）？

多溴联苯醚（Poly Brominated Diphenyl Ethers，PBDEs），因溴原子取代数目和位置的不同，PBDEs 共有包括一溴到十溴取代的 209 种不同的结构化合物。

PBDEs 是一类在环境中广泛存在的全球性有机污染物。2009 年 5 月，联合国环境规划署（UNEP）正式将商用五溴联苯醚、商用八溴二苯醚列入《斯德哥尔摩公约》。

PBDEs 的最大用途是作为阻燃剂，在产品制造过程中添加到复合材料中去，以提高产品的防火性能。因为多溴联苯醚可在高温状态下释放自由基，阻断燃烧反应。其中十溴联苯醚是多溴联苯醚家族中含溴原子数最多的一种化合物，由于它价格低廉、性能优越、急性毒性在所有溴联苯醚中最低，所以在全球范围内使用最广，如用于各种电子电器和自动控制设备、建材、纺织品、家具等产品中。据统计，十溴联苯醚占阻燃剂总量的 75% 以上。

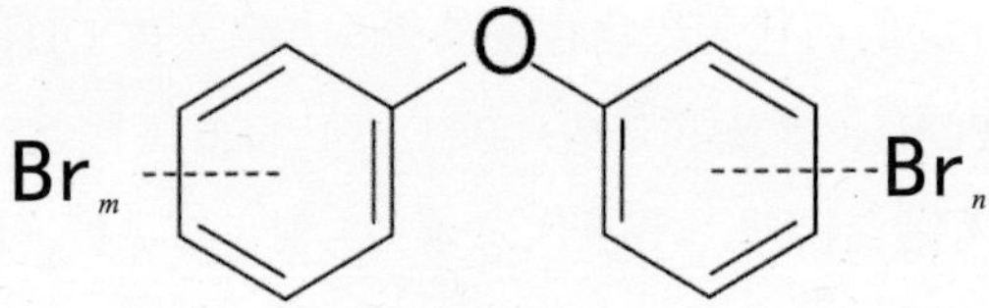

Br_m　O　Br_n

多溴联苯醚　（PBDEs）

12. 什么是全氟辛烷磺酸（PFOS）？

全氟辛烷磺酸（perfluorooctane sulfonate，PFOS）由全氟化酸性硫酸基酸中完全氟化的阴离子组成并以阴离子形式存在于盐、衍生体和聚合体中。PFOS 已成为全氟化酸性硫酸基酸（perfluorooctane sulphonic acid）各种类型衍生物及含有这些衍生物的聚合体的代名词。当 PFOS 被外界发现时，是以经过降解的 PFOS 形态存在的，那些可分解成 PFOS 的物质则被称作 PFOS 有关物质。

作为 20 世纪最重要的化工产品之一，氟化有机物在工业生产和生活消费领域有着广泛的应用。PFOS 同时具备疏油、疏水等特性，被广泛用于生产纺织品、皮革制品、家具和地毯等表面防污处理剂；由于其化学性质非常稳定，被作为中间体用于生产涂料、泡沫灭火剂、地板上光剂、农药和灭白蚁药剂等。此外，还被使用于油漆添加剂、黏合剂、医药产品、阻燃剂、石油及矿业产品、杀虫剂等，包括与人们生活接触密切的纸制食品包装材料和不粘锅等近千种产品。

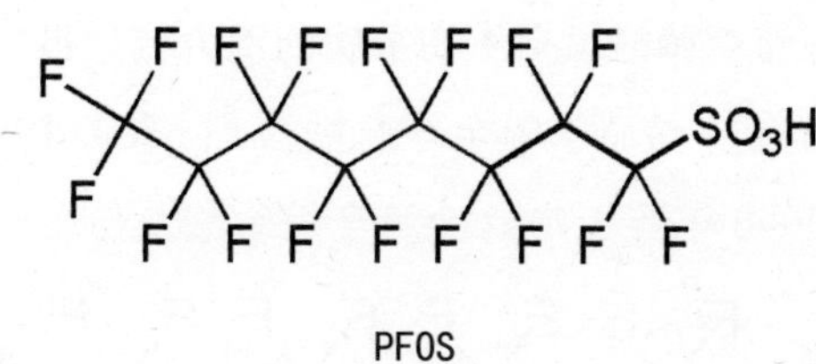

PFOS

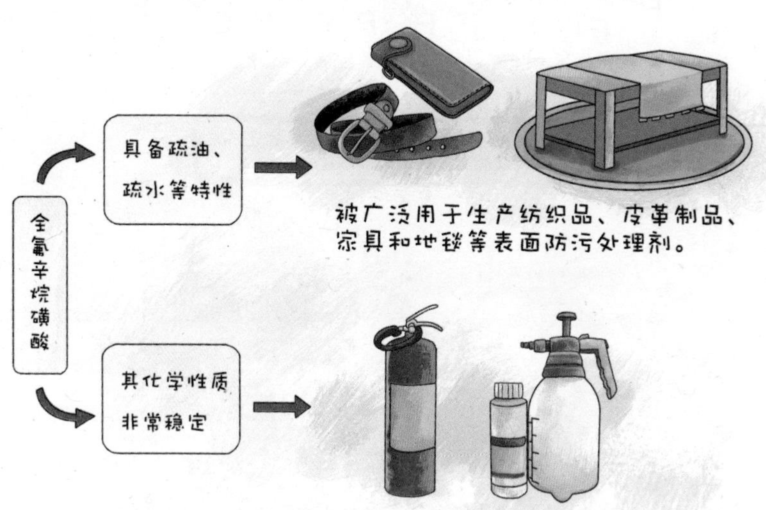

13. 什么是全氟辛烷磺酰氟（PFOSF）？

全氟辛烷磺酰氟（PFOSF）是全氟辛烷磺酸（PFOS）和与全氟辛烷磺酸有关物质合成的主要中间体。全氟辛烷磺酸和与全氟辛烷磺酸有关物质的主要生产过程是电化学氟化，电化学氟化的方式会产生带有 35% ～ 40% 八碳直链全氟辛烷磺酰氟的异构体和同系物混合物。但是，在作为商品的全氟辛烷磺酰氟产品中，包含有大约 70% 线形和 30% 分枝的全氟辛烷磺酰氟衍生物杂质的混合物。据估算，截至停产之日，3M 公司全氟辛烷磺酰氟全球产量为 13 670 t（1985 —2002 年），最大年产量是 2000 年的 3 700 t 全氟辛烷磺酸及与之相关的物质。

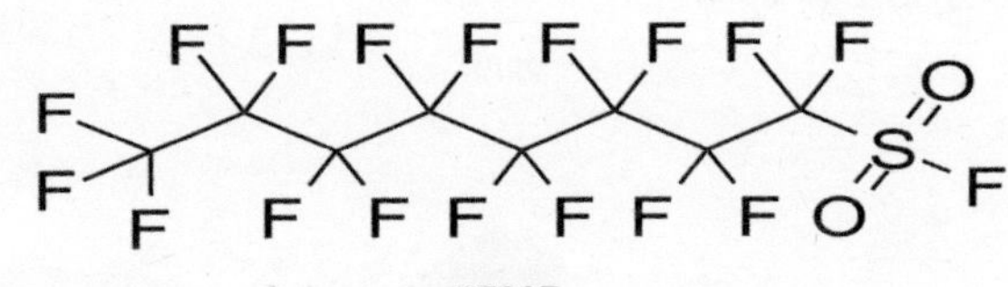

PFOSF

14. 什么是六溴环十二烷（HBCD）？

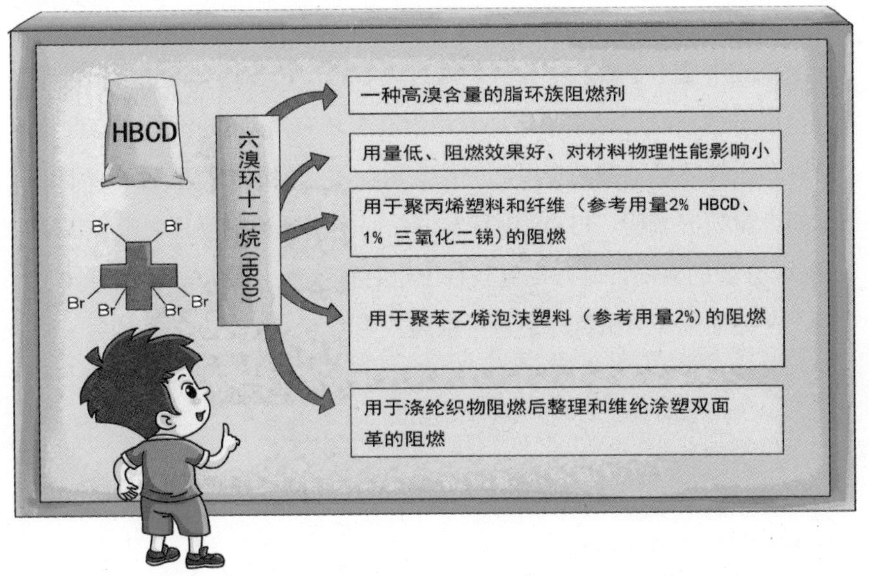

六溴环十二烷（HBCD）是一种高溴含量的脂环族阻燃剂，具有用量低、阻燃效果好、对材料物理性能影响小等特点。主要用于聚丙烯塑料和纤维（参考用量 2%HBCD、1% 三氧化二锑）、聚苯乙烯泡沫塑料（参考用量 2%）的阻燃， 也可用于涤纶织物阻燃后整理和维纶涂塑双面革的阻燃。用作添加型阻燃剂，适用于聚苯乙烯、不饱和聚酯、聚碳酸酯、聚丙烯、合成橡胶等。尽管 HBCD 具有优良的阻燃效果，但其对人类和环境会构成潜在的长期危害。HBCD 属于挪威 PoHS（《消费性产品中禁用特定有害物质》）管控的物质，同属于欧盟 REACH（《化学品的注册、评估、授权和限制》）管控物质。2013 年被列入《斯德哥尔摩公约》成为新的受控 POPs。

15. 哪一种 POPs 的持久性最强？

全氟辛烷磺酸（PFOS）的持久性最强，是最难分解的有机污染物，在浓硫酸中煮 1 小时也不分解。据有关研究，在各种温度和酸碱度下对全氟辛烷磺酸进行水解作用，均没有发现有明显的降解；PFOS 在增氧和无氧环境下都具有很好的稳定性，不同微生物和试验条件下进行的大量研究表明，PFOS 没有发生任何生物降解的迹象。唯一出现 PFOS 分解的情况，是在高温条件下进行的焚烧。最新的一项研究表明，在碱性条件下机械球磨也可以高效降解 PFOS。

16. 什么是环境内分泌干扰物？

环境内分泌干扰物又称环境激素，是干扰生物体内荷尔蒙（内分泌激素）的合成化学物质，该激素控制体内的各种基本功能，包括生长和性别发育等。合成的化学物质导致的对生物体的内分泌干扰主要包括：模仿生物体内荷尔蒙的产生，如雌激素或雄激素的产生；阻碍细胞受体，使得自然产生的荷尔蒙无法进入细胞而实现其功能；导致不是由正常荷尔蒙产生的细胞内反应。这些扰乱内分泌系统作用的危害之处在于其关系到人类的繁殖，关系到今后人类的质与量的问题。

1998 年，日本环境省公布的《关于外因性扰乱内分泌化学物质问题的研究班中间报告》，列出了 65 种内分泌干扰物的嫌疑物质。其中包括二噁英类（PCDD/Fs）、多氯联苯（PCBs）、六氯苯（HCB）、滴滴涕（DDT）、氯丹、艾氏剂、狄氏剂、异狄氏剂、七氯、毒杀芬、六六六（HCH）、开蓬、多溴联苯（PBBs）等。

17. 从未使用过 POPs 的地方会有 POPs 污染吗？

回答是肯定的，科学家们在从未使用过 POPs 的南北极地区的冰雪内检测到 DDT 等有机氯农药类 POPs。美国阿拉斯加的阿留申群岛上栖居的秃鹰体内、阿留申群岛附近的西北太平洋海域生活的鲸鱼体内也有很高的有机氯农药类 POPs。更为有趣的是，地球北部的许多高山，如奥地利的阿尔卑斯山、西班牙的比利牛斯山、加拿大的落基山顶及我国喜玛拉雅山顶，最近也发现有较高浓度的有机氯农药。研究还发现，随山高增加和温度降低，冰雪中所含的农药浓度也在增加，虽然高山上几乎是没有人烟的冰雪世界，但山顶冰雪所含农药的浓度为山下农业区域的 10 ～ 100 倍。这些极地和高山雪域的 POPs 是哪里来的呢？

18. 什么是 POPs 的“全球蒸馏效应”？

蒸馏是一种物理分离工艺，它是利用混合液体或液 - 固体系中各组分沸点的不同，使低沸点组分蒸发，再冷凝以分离混合组分的单元操作过程，是蒸发和冷凝两种单元操作的联合。

“全球蒸馏效应”（Global Distillation）的科学假设借用蒸馏原理成功解释 POPs 从热温带地区向寒冷地区迁移的现象。正像化学实验室中的溶剂蒸馏实验，用火加热烧瓶中的溶剂，溶剂蒸发，随后气态的溶剂在冷凝管中被冷凝成液态，并用接收瓶收集，从而达到分离提纯溶剂的目的。从全球范围来看，由于温度的差异，地球就像一个蒸馏装置——在低、中纬度地区，由于温度相对高，POPs 挥发进入大气；在寒冷地区，POPs 冷凝沉降下来。因此，全球蒸馏效应也被称为“冷凝效应”（Cold Condensation Effect），最后造成 POPs 从热带地区迁移到寒冷地区，这就是从未使用过 POPs 的南北极和高寒地区发现有 POPs 的原因。

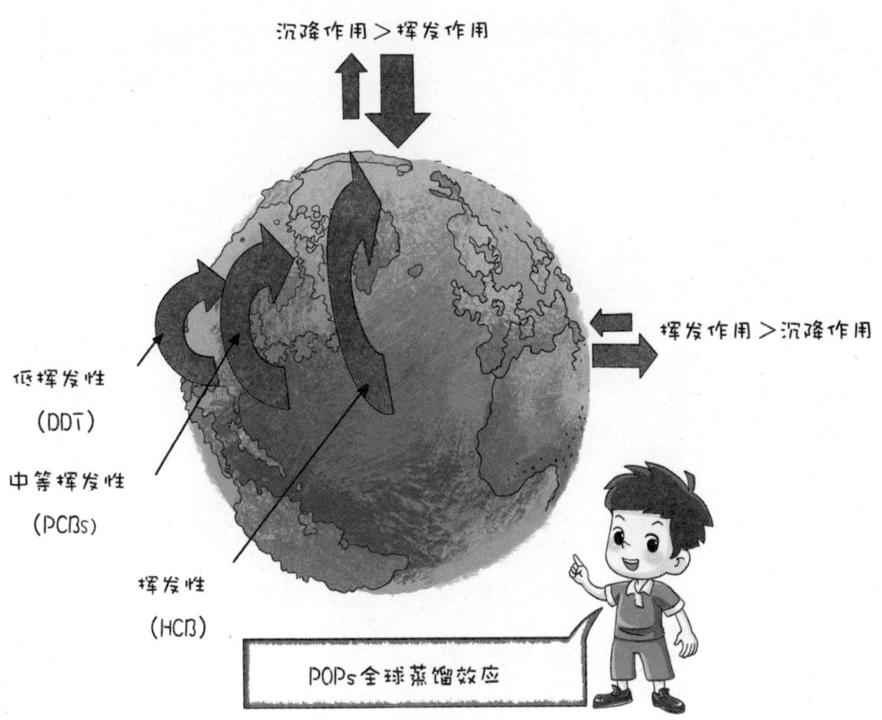

19. 什么是POPs的“蚱蜢跳效应”？

化合物的物理化学特性以及一些与冷暖有关的环境因素对POPs“全球分配”的影响甚至可能比POPs的排放地和传播途径更为重要，尤其是POPs在向高纬度迁移的过程中会有一系列距离相对较短的跳跃过程。中纬度地区季节变化明显，温度较高的夏季POPs易于挥发和迁移，而温度较低的冬季POPs则易于沉降下来，总体上会表现出POPs的跳跃式跃迁。POPs可以通过周而复始地从地面蒸发到大气，然后再回落到地面的跃迁，最终从地球上的某一地区（例如源排放点）到达与之相距遥远的另一地区，这种特性被称为“蚱蜢跳效应”（Grasshopper Effect）。这一科学假设成功地解释了极地为“全球POPs的汇”。

POPs蚱蜢跳效应

CHIJIUXING YOUJI WURANWU（POPs）
FANGZHI ZHISHI WENDA

持久性有机污染物（POPs）

防治知识问答

第二部分

环境中的 POPs

20. 目前，有机氯农药类 POPs 来自何方？

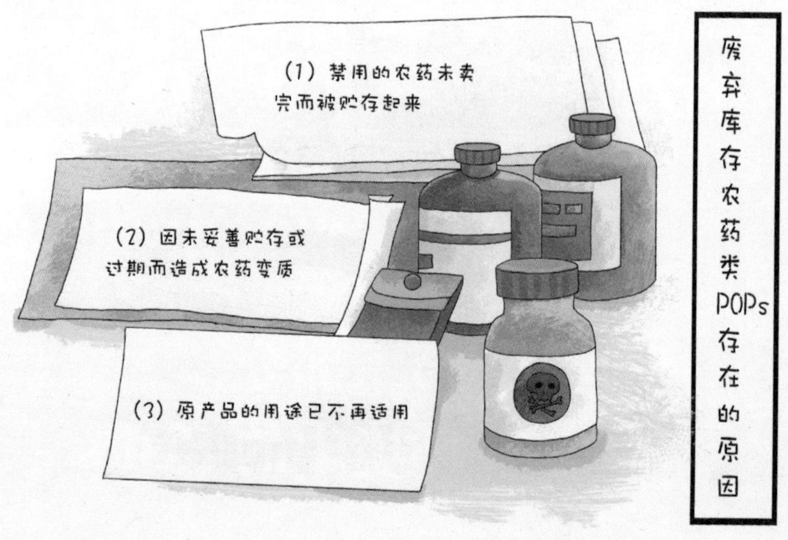

目前，我国已经全面禁止有机氯农药类 POPs 的生产和使用。所以，除了少量的非法生产和使用，废弃库存有机氯农药是个严重的问题。数十年来废弃的农药堆积在发展中国家，据估计全球约有超过 200 000 t 的农药散布在数千个贮存点。大部分的 POPs 农药已被禁用或废弃。目前已发现有些贮存点因容器锈蚀而导致 POPs 渗漏，污染了当地土壤和地下水，对居民健康和生态环境造成了危害。

废弃库存农药类 POPs 存在的原因有多种：①禁用的农药未卖完而被贮存起来；②因未妥善贮存或过期而造成农药变质；③原产品的用途已不再适用。

21. 多氯联苯（PCBs）是如何进入环境的？

PCBs 通常作为助剂而被添加到各种各样的工业产品中，其中相当重要的用途是作为电力工业中的变压器和电容器中的浸渍剂。PCBs 可能从各种含 PCBs 的产品中缓慢地释放出来而直接进入环境；当油墨等被废弃后进入垃圾填埋场或者焚烧炉后，PCBs 并不容易降解或被分解，而是又逐渐释放出来进入土壤、地下水和空气等各种环境介质中；即使是封闭应用的变压器和电容器，在其报废后如果贮存或处置不当，也会造成其中的 PCBs 大量进入环境。

22. 燃烧排放物中为何会含有二噁英？

二噁英的产生来源主要为自然生成、工业副产物、特定工业过程的燃烧行为、废弃物焚烧及其他人为的燃烧行为等。因此，二噁英在燃烧排放物中是普遍存在的，目前也有多项研究尝试去解释，其是如何在燃烧过程中形成的，多数报告均指向焚烧炉及与二噁英形成有关的前趋物，最常见的则包括氯酚及氯苯化合物。一般而言，氯酚及氯苯燃烧会产生 PCDDs，多氯联苯燃烧则会产生 PCDFs。

PCDDs 的主要合成途径有 Ullmann 缩合反应、自由基反应、与邻苯二酚盐反应及取代反应四种，而 PCDFs 的合成途径则有多氯联苯氧化、多氯酚盐的聚合反应及多氯酚盐及多氯苯的反应三种。焚烧过程中二噁英的产生源主要为废弃物成分、炉内形成及炉外低温再合成。而直接影响二噁英形成的因素则包括温度、氧和水蒸气、飞灰上的碳和氯、HCl 和 Cl_2 及催化剂等。

23. 哪些过程会产生非故意排放POPs（UP-POPs）？

随着各国相继禁止生产、使用POPs，目前，二噁英（PCDD/Fs）、六氯苯（HCB）、多氯联苯（PCBs）等同为在涉及有机物和氯的热处理过程中无意形成和排放的化学品，均系燃烧或化学反应不完全所致。下列工业过程是相对较大的形成和排放 UP-POPs 的潜在源。

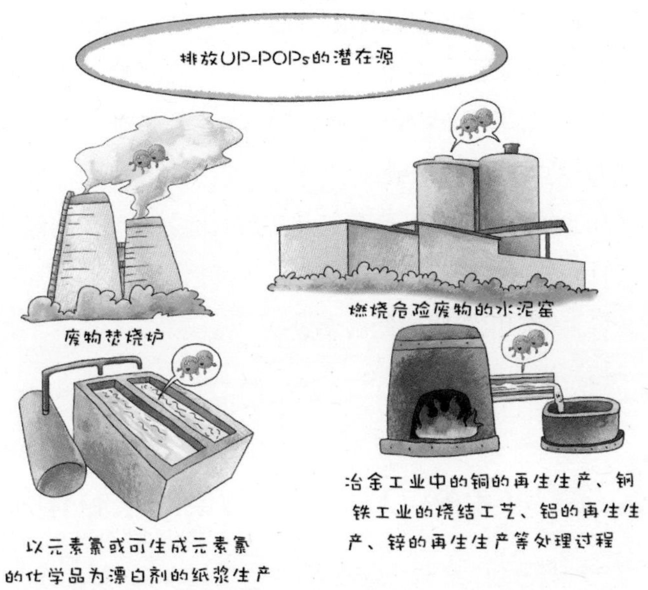

（1）废物焚烧炉，包括城市生活废物、危险性或医疗废物或下水道中污物的多用途焚烧炉；

（2）燃烧危险废物的水泥窑；

（3）以元素氯或可生成元素氯的化学品为漂白剂的纸浆生产；

（4）冶金工业中的下列热处理过程：铜的再生生产、钢铁工业的烧结工艺、铝的再生生产、锌的再生生产。

UP-POPs 也可从下列来源无意生成和排放出来：

（1）废物的露天焚烧，包括在填埋场的焚烧；

（2）冶金工业中的其他热处理过程；

（3）住户燃烧源；

（4）使用矿物燃料的设施和工业锅炉；

（5）使用木材和其他生物质能的燃烧装置；

（6）排放无意形成的持久性有机污染物的特定化学品生产过程，特别是氯代酚和氯代醌的生产；

（7）焚尸炉；

（8）机动车辆，特别是使用含铅汽油的车辆；

（9）动物遗骸的销毁；

（10）纺织品和皮革染色（使用氯代醌）和修整（碱萃取）；

（11）处理报废车辆的破碎作业工厂；

（12）铜制电缆线的低温燃烧；

（13）废油提炼等。

24. 多溴联苯醚（PBDEs）污染的来源有哪些？

PBDEs 在环境中非常稳定，难以降解并具有高亲脂性，水溶性低，在水中的含量低，易于在沉积物中积累，具有生物积累性并沿着食物链富集。商业用 PBDEs 是溴化的二苯醚同系物混合物，主要含有五溴联苯醚（PeBDE）、八溴联苯醚（OcBDE）和十溴联苯醚（DeBDE），也包括其他的 PBDEs。PeBDE 主要被加入聚氨基甲酸酯泡沫用于制造家具、地毯和汽车座椅等；OcBDE 主要用于纺织品和塑料中，如各种电器产品的机架，特别是用于电视和电脑产品。DeBDE 是全球使用最广泛的 PBDEs，占全部 PBDEs 产品的 80% 以上，而 PeBDE 和 OcBDE 产品分别占 PBDEs 总量的 12% 和 6% 左右。

在产品的使用过程中，PBDEs 可通过蒸发和渗漏等进入环境，焚烧和报废含有 PBDEs 的废弃物也是 PBDEs 进入环境的主要途径。除此之外，阻燃剂生产企业也直接排放一些 PBDEs。进入大气中的 PBDEs 会通过大气干、湿沉降作用向水体和土壤转移。特别是在一些电子垃圾拆解处理集散地，如我国广东贵屿地区，由于原始的和不规范的电子垃圾处理方式，造成大量的有毒物质释放，污染环境并危害人体健康，这些地区 PBDEs 污染尤为显著。低溴代联苯醚比高溴代联苯醚更易被生物体吸收和富集，而高溴代联苯醚可能在阳光下降解为低溴代联苯醚。大气、水体和土壤中痕量的 PBDEs 可通过食物链最终进入人体，可能对人类和高级生物的健康造成危害，也可广域迁移，导致全球性污染。

25. 全氟辛烷磺酸（PFOS）污染的主要来源有哪些？

PFOS 污染主要来源于相关工业生产和产品使用过程的释放。虽然发达国家已陆续采取相关政策措施削减或限制 PFOS 类物质的生产和使用，但由于缺乏有效的替代品，PFOS 类物质仍然在我国生产并广泛使用。由 PFOS 合成的整理剂目前广泛应用于纺织品、皮革制品、纸张、家具、地毯、计算机、移动电话及电子零配件等工业生产领域。研究表明，高工业化水平与多介质环境中 PFOS 污染存在显著的相关性。

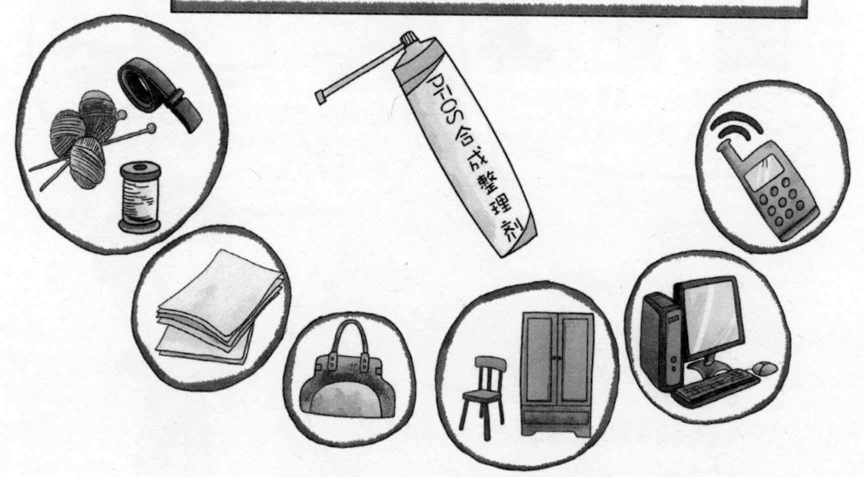

26. 哪些 POPs 造成了土壤污染问题?

我国曾经生产和广泛使用过的杀虫剂类 POPs 主要有滴滴涕、六氯苯、氯丹及灭蚁灵等，有些农药尽管已经禁用多年，但土壤中仍有残留，导致我国农药类 POPs 污染场地较多。此外，还有其他类型的 POPs 污染场地，如含多氯联苯（PCBs）的电力设备的封存和拆解场地、含二噁英类工业废渣堆放场地、电子垃圾拆解引起的溴代阻燃剂污染场地等。我国 POPs 对土壤的污染问题较为突出、规模较大、涉及面较广，其危害不可低估。应从禁止产生新的污染和逐步治理已污染土壤两个方向着手，逐步分类解决。

27. POPs 是如何实现全球迁移的？

基于“全球蒸馏效应”和“蚱蜢跳效应”这两大科学假设，POPs 的全球迁移过程可以用下图来表示。

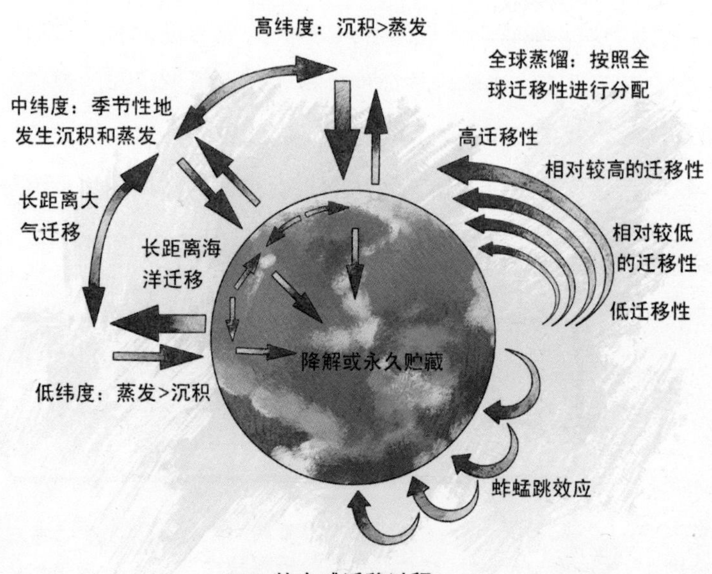

POPs的全球迁移过程

28. 高寒地区的高级动物体内为什么会有较高浓度的 POPs？

基于“全球蒸馏效应”和“蚱蜢跳效应”，POPs 可以从热带和温带地区向人迹罕至的高寒地区迁移，而高寒地区的高级动物，如海豹、北极熊等，为了抗寒，体内脂肪甚多。脂肪恰恰是亲脂性的

POPs 最好的栖居地，POPs 容易被脂肪吸收，在脂肪中积累、富集到一定的浓度水平，就将影响它们自身甚至下一代的健康。

29. POPs 是如何在各种环境介质中迁移的？

环境是由多介质单元（水、气、土、植物和动物等）组成的复杂系统。一般来说，当 POPs 从其发生源进入环境介质后，不会固定在某一位置，而是要发生稀释扩散，进行跨介质的迁移、传递和转化等一系列物理、化学和生物过程。通过这些迁移过程，POPs 能到达全球偏远的地区，如南极、北极和沙漠，进而造成全球性的污染。

水体中 POPs 主要以溶解在水中和吸附在悬浮颗粒物上两种状态

存在，其中一部分溶解在水中的POPs能通过挥发作用进入大气，吸附在水中悬浮颗粒物上的POPs则通过沉积作用沉降到底泥中。而土壤中的部分POPs可通过挥发作用进入大气，还有部分POPs能和土壤中的有机质和固体颗粒物紧密结合，这些POPs能通过植物的根、茎、叶和种子等的吸收进入食物链。大气中的POPs主要以气态和颗粒态两种形式存在，通过雨水冲洗和干、湿沉降向水体或土壤转移。POPs的最终贮存场所主要是土壤、河流水体和底泥。

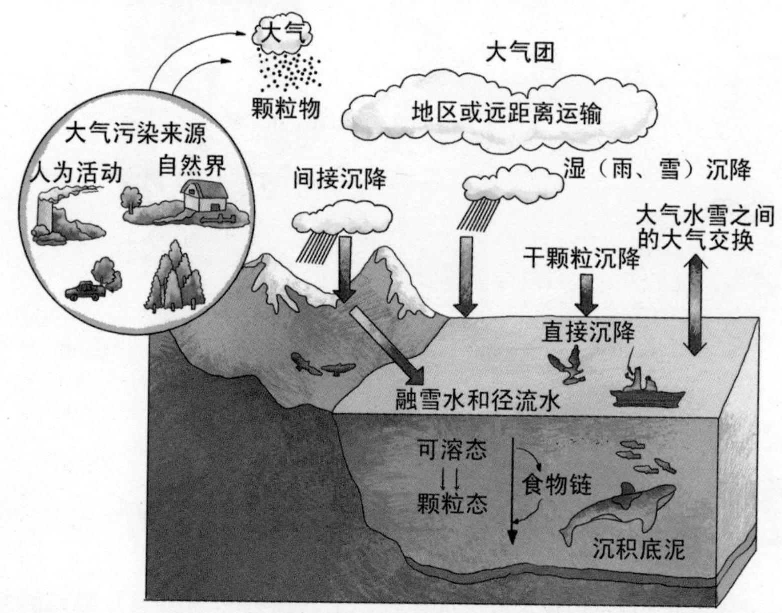

POPs在多介质间的迁移过程

30. POPs在环境中是如何转化和降解的？

化学物质在环境介质中的转化和降解过程主要分为两大类：一类是化学转化，包括水解反应、光解反应和氧化还原反应等；另一类是生物转化，包括微生物的好氧和厌氧反应以及其他生物对 POPs 的体内代谢过程。

对于许多 POPs，在天然环境介质中发生的主要降解过程是光解过程，而微生物降解的速率相对而言极为缓慢。

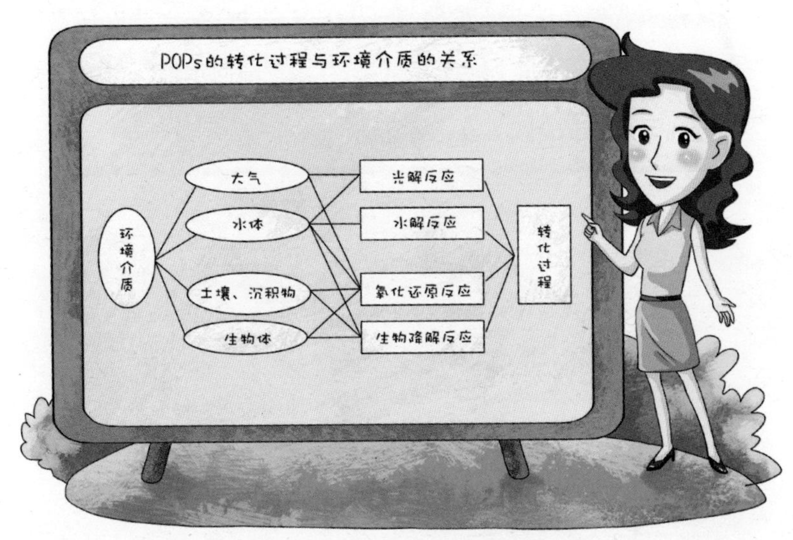

31. POPs 在光照下会发生降解吗？

答案是肯定的，POPs 的光降解主要是指在光的照射下，通过 POPs 化合物的异构化，化学键的断裂、重排或分子间的化学反应产生新的化合物，从而达到降低或消除 POPs 在环境中的污染的目的。大气光化学反应对于大气环境中 POPs 的转化起着重要作用，而大部分天然水环境也暴露在太阳光的照射之下，光解反应对于水体中 POPs 的转化也具有一定的作用。但是，由于 POPs 具有很高的稳定性，它们在自然环境光照下降解缓慢。

大气光化学反应对于大气环境中POPs的转化起着重要作用，而大部分天然水环境也暴露在太阳光的照射之下，光解反应对于水体中POPs的转化也具有一定的作用。

32. 气候变化对 POPs 的环境行为有哪些影响？

气候变化对 POPs 环境行为的影响越来越受到关注，加拿大、中国和挪威的科学家在《自然》杂志上发表文章表明，气候变化增加北极大气中的 POPs 含量。过去几十年来，由于限制 POPs 的生产和使用，北极大气中的 POPs 的含量已经下降。然而，随着气候变暖，沉降的 POPs 将会转移到大气中。科学家们发现许多 POPs 随着气温的升高和冰层的融化转移到空气中，在过去的 20 年里，由于气候变化，POPs 已经广泛进入了北极大气，气候变暖会破坏北极在降低环境和人类暴露于这些有毒化学物质中的巨大作用。概括而言，气候变化可以从以下三个方面影响 POPs 的环境行为：

（1）影响 POPs 的排放：减少温室气体排放的措施会同时减少 UP-POPs 的排放，但是在变化的气候条件下，一些因素会引起 POPs 环境排放水平的增加。例如，随着疟疾等传播性疾病范围的扩大，会引起持久性有机杀虫剂使用量的增加；更加干燥的气候会引起火灾的增加，从而引起二噁英排放量的升高。

（2）影响 POPs 的环境归趋：气候变化会影响环境条件，比如温度、降水模式、积雪、海洋的盐浓度等，这些环境条件的变化会引起 POPs 在环境介质中分布的改变。

（3）影响 POPs 的暴露水平：高排放量和冰雪消融引起空气和水体中的 POPs 含量增加，将使得生物直接或间接通过食物链引起 POPs 暴露水平升高，对人类和生态环境造成更大的负面效应。

33. 如何检测环境中的 POPs 含量？

POPs样品的采集和预处理技术是环境样品分析的重要一环，只有采用科学的采样方法和预处理技术，才能保证POPs的分析结果准确可靠。在进行POPs环境样品分析时，一个非常关键的问题是要求所采集的样品必须具有代表性。

由于环境中的 POPs 具有分布广泛、残留浓度低、干扰物质多、组成复杂等特点，且毒杀芬、PCBs、PCDD/Fs 等 POPs 包含多种同系物或异构体，因此，对环境中的 POPs 进行分析时，要求对样品的分析手段必须具有灵敏、准确、快速和自动化程度高等特点。

此外，POPs 样品的采集和预处理技术是环境样品分析的重要一环，只有采用科学的采样方法和预处理技术，才能保证 POPs 的分析结果准确可靠。在进行 POPs 环境样品分析时，一个非常关键的问题是要求所采集的样品必须具有代表性。因此，采集 POPs 环境样品前，应设计符合调研目的和所要考察的介质的采样方案，具体包括采样点的位置、样品数量以及采样时间、采样步骤和方法等。采样时需严格遵守预定的采样方案等。就环境介质中的 POPs 而言，目前常用的预处理方法包括溶剂萃取（SE）、固相萃取（SPE）、固相微萃取（SPME）、微波萃取（MAE）、超临界流体萃取（SFE）、压力溶剂萃取（PLE）和加速溶剂萃取（ASE）等。

对采集后的 POPs 样品进行预处理后，接下来就需要对 POPs 进行分析。POPs 常用的分析方法包括化学分析与生物分析，化学分析的主要过程是首先实现 POPs 的分离，然后以特定的化学检测器对 POPs 进行定性定量测定；POPs 常用的化学分析方法主要有气相色谱（GC）法、气相色谱 / 质谱（GC/MS）法、高效液相色谱（HPLC）法、超临界流体色谱（SFC）法等。生物分析技术则是利用生物对 POPs 的某些特征反应来实现对环境中 POPs 的检测。POPs 的生物分析方法主要包括生物传感器检测法、表面胞质团共振（SPR）检测法和以 Ah 受体为基础的生物分析方法等。

34. 我国 POPs 检测处于什么水平？

POPs 检测是开展 POPs 研究的必需条件。与在水、大气、土壤中常规污染物的研究及控制技术的“拿来主义”不同，我国 POPs 等新兴污染物的研究与国际上差距不大，整体位列国际先进水平。

我国已经初步形成了 POPs 检测分析产业。虽然检测仪器主要依赖于 Waters、安捷伦、岛津等国外品牌，但由政府、高校和科研院所、企业等建立的一批 POPs 检测实验室已经开始服务于市场。市场化运行机制的完善和需求的激增，将带动更多民营性第三方检测机构进入市场。以二噁英检测为例，目前我国有近 40 家二噁英检测机构，多数为政府性质（如环境保护部、科研院所下属的实验室等），但市场上也逐渐出现了民营性质的第三方检测机构。虽然这种第三方检测机构占比很小，但随着市场化运行机制的进一步完善和未来需求的激增，必将带动一批企业进入 POPs 的环境调查分析领域。

第三部分
POPs 的危害

35. 为什么说《寂静的春天》一书是认识 POPs 危害的启蒙读物？

1962 年，美国海洋生物学家蕾切尔·卡逊（Rachael Carson）出版了一部极具影响力的巨著——《寂静的春天》（*Silent Spring*）。书中主要描述和揭示了由于滴滴涕等有机氯农药的大量使用，原本鸟语花香、万物复苏的春天变得寂静，并引发了生态危机。这本书用生态学的原理阐述了有机氯农药的危害，让公众意识到有机氯农药会对生态环境造成严重破坏。

《寂静的春天》在当时的社会也掀起了轩然大波。日后的事实却证明了卡逊的预言，这些剧毒物对环境及整个生物链造成的巨大破坏是无法弥补的。由于它的广泛影响，美国政府开始对书中提出的警告做调查，最终改变了对农药政策的取向，并于1970年成立了美国国家环境保护局；各州也相继通过立法来限制杀虫剂的使用，最终使滴滴涕等剧毒杀虫剂停止了生产和使用。

36. POPs对免疫系统有什么危害？

POPs会抑制生物体免疫系统的功能。POPs对免疫系统的影响包括抑制免疫系统正常反应的发生、影响巨噬细胞的活性、降低生物体对病毒的抵抗能力等。研究人员通过测试Florida海岸的宽吻海豚的肝血发现海豚的T细胞淋巴球增殖能力的降低和体内有机氯的富集相关性显著。Brouwer等的研究也发现海豹食用了被PCBs污染的鱼会导致维生素A和甲状腺激素的缺乏，而这两种物质的缺乏使它们更易受细菌感染。

POPs 对人的免疫系统也有重要影响。Weisglas Kuperus 等研究发现，人体免疫系统的失常与婴儿出生前和出生后暴露于 PCBs 和 PCDDs 中的程度有关。由于 POPs 易于迁移到高纬地区，POPs 对于生活在极地地区的人和生物影响较大。生活在极地地区的因纽特人由于日常食用鱼、鲸、海豹等海洋生物，而这些生物体内的 POPs 通过生物放大和生物积累已达到很高的浓度，所以因纽特人的脂肪组织中含有大量的有机氯农药、PCBs 和 PCDDs。对因纽特人婴儿的研究发现，母乳喂养和奶粉喂养婴儿的健康 T 细胞和受感染 T 细胞的比率和母乳的喂养时间及母乳中有机氯的含量相关。

37. POPs 对内分泌系统有什么影响?

如果一种物质能与雌激素受体有较强的结合能力，并影响受体的活动，进而改变基因组成，那么这种物质就被认为是内分泌干扰物质，如烷基酚（AP）、烷基酚聚氧乙烯醚（APE）、双酚 A、邻苯二甲酸酯（PAE）、多氯联苯类（PCBs）、农药（如有机氯农药）等。研究表明，人和其他生物的许多健康问题都与各种人为或自然产生的内分泌干扰物质有关。通过体外实验已证实 POPs 中有几类物质是潜在的内分泌干扰物质。如 PCBs 的混合物 Aroclor1221、Aroclor1232、Aroclor1242 和 Aroclor1248 在体内试验中就表现出一定的雌激素活性。此外，男性精子数量的减少、生殖系统的功能紊乱和畸形、睾丸癌及女性乳腺癌的发病率都与长期暴露于低水平的类激素物质有关。Falck 等发现患恶性乳腺癌的女性要比患良性乳腺肿瘤的女性的乳腺组织中的 PCBs 和 DDE 水平高。

38. POPs 对生殖和发育有什么影响？

生物体暴露于 POPs 中会产生生殖障碍、畸形、器官增大、机体死亡等现象。如鸟类暴露于 POPs 中，会引起产卵率降低，进而使其种群数目不断减少。实验研究发现生活在荷兰西部 Wadden 海地区的海豹生殖能力下降主要是由于这些海豹捕食的鱼受到了 PCBs 的污染， 进而影响了它们生殖系统的功能。POPs 对鸡的毒性实验表明：PCBs 可诱发鸡胚的死亡和不同程度的水肿，使种蛋的死亡率明显升高。Peterson 等的实验表明，当把子宫和乳腺暴露于 2,3,7,8- 四氯二苯并 - 对 - 二噁英（2,3,7,8-TCDD）中时，会减轻性器官的重量、抑制卵子的产生、甚至会使雌性个体雄性化。

POPs 同样会影响人的生长发育，尤其会影响儿童的智力发育。

曾有人对 200 名儿童进行研究，其中有 3/4 的儿童的母亲在怀孕期间食用了受到有机氯污染的鱼，结果发现这些孩子出生时体重轻、脑袋小，在 7 个月时认知能力较一般孩子差，4 岁时读写和记忆能力较差，在 11 岁时测得他们智商（IQ）值较低、读、写、算和理解能力都较差。

39. POPs 有致癌作用吗？

实验表明一些 POPs 会促进肿瘤的生长。对在沉积物中 PCBs 含量高的地区的大头鱼进行研究发现：大头鱼皮肤损害、肿瘤和多发性乳头瘤等病的发病率明显升高。用 2,3,7,8-TCDD 对小鼠、大鼠、仓鼠、田鼠进行 19 次染毒试验，致癌性均为阳性。国际癌症研究机构（IARC）在大量的动物实验及调查基础上，对一些 POPs 的致癌性进行了分类。

一些POPs会促进肿瘤的生长

致癌性分类	POPs种类
I 类：人体致癌物	2,3,7,8-TCDD
IIA 类：较大可能的人体致癌物	PCBs 混合物
IIB 类：有可能的人体致癌物	氯丹、DDT、七氯、六氯苯、灭蚁灵、毒杀芬
III 类：对人体致癌作用尚不清楚	艾氏剂、狄氏剂、异狄氏剂、PCDDs(除 2,3,7,8-TCDD 以外)、PCDFs

40. 为什么胎儿和婴儿更容易受到 POPs 的危害？

人类和他哺乳动物一样，胚胎和婴儿阶段是其最为脆弱的时期，身体、大脑、神经系统和免疫系统正处于生长发育阶段。此时一旦接触到 POPs，就可能导致较成人更大的损害。

而 POPs 如果为母体所摄入，则确实能够通过一定的渠道传输给胎儿和婴儿。在怀孕期间，POPs 会通过胎盘从母体传输给胎儿而造成危害；在哺乳期间，POPs 会通过母乳传输给婴儿而造成危害。

41. 为什么 POPs 可能影响后代人？

由于 POPs 所具有的特殊性质，其进入人体后一方面由于其生物累积性而易蓄积在脂肪组织中，另一方面由于其持久性而不易被分解或者排出体外。因此，POPs 一旦被母体摄入后，将长期在母体内存在。

当母体怀孕时，POPs 会通过胎盘直接传输给后代；而当孩子出生后，母亲在给婴儿哺乳时同样也会发生 POPs 的传输。正是通过这种过程，POPs 一代代地被传输下去。因此，POPs 可能会影响几代人。

历史上两度发生的 PCBs 污染事故，正是 POPs 能够影响几代人的一个明证。1968 年在日本、1979 年在我国台湾先后发生 “米糠油事件”。多年来的跟踪研究表明，不仅当年的受害者体内有 PCBs、呈现出明显的PCBs中毒症状；在其第二代甚至第三代体内也同样检出有PCBs，同时部分第二代和第三代也呈现出了PCBs中毒症状，例如皮肤深棕色素沉着、全身黏膜黑色素沉着、发育较慢等。

42. POPs的中毒症状有哪些？

农药类POPs可从呼吸道、消化道、皮肤进入体内，且可蓄积于脂肪组织中，主要受累者为神经系统、肝、肾及心脏，对皮肤及黏膜也有刺激作用。其中滴滴涕（DDT）具有轻度雌激素样反应，并有抗类固醇作用。POPs中毒症状发生的时间和严重度，因毒物的种类、剂型、数量和进入途径不同而异，一般在30分钟到数小时内发病。轻度中毒的症状包括头痛、头晕、乏力、视物模糊、恶心、呕吐、腹痛、腹泻、易激动，偶有肌肉不自主抽动等；较重中毒的症状包括多汗、流涎、震颤、抽搐、腱反射亢进、心动过速、紫绀、体温升高等；重症中毒的症状可呈癫痫样发作或出现阵挛性、强直性抽搐，偶有在剧烈和反复发作后陷入昏迷和呼吸衰竭，甚至死亡。

人畜摄入多氯联苯（PCBs）后，被吸收的部分多蓄积在多脂肪的组织中，所以肝脏中的 POPs 含量较高。PCBs 可引起皮肤损害和肝脏损害等中毒症状。在全身中毒时，则表现出嗜睡、全身无力、食欲不振、恶心、腹胀腹痛、黄疸、肝肿大等。严重者可发生急性肝坏死而致肝昏迷和肝肾综合征，甚至死亡。少量的 PCBs 并不会引起急性毒性，而是会慢慢侵入人体。对于人体的伤害主要在肝、肾脏以及心脏。除了会破坏这些内脏的机能之外，还会缩小其体积，减轻其重量。除此之外，还有贫血、骨髓发育不良、脱毛等症状。因为 PCBs

是脂溶性的，会在不知不觉中融入体内，并且无法由人体代谢排出体外。表现在外的有脸部、颈部或是身体柔软部位出现疙瘩，或是类似青春痘的皮肤病、头晕目眩、手脚疼痛、四肢无力、水肿，或是指甲、眼白、齿龈、嘴唇、皮肤等处有黑色素沉淀，甚至融入DNA中，导致遗传因子紊乱，促使癌症产生。

二噁英类在啮齿类动物中产生的毒性效应包括氯唑疮、衰竭综合征、肝毒性、致畸毒性、生殖和发育毒性、致癌、神经和行为毒性、免疫抑制、体内代谢酶的诱导、内分泌系统的干扰等。在人类由于职业接触或意外事故中观察到的症状主要有氯唑疮、肝损害、卟啉血症、感觉障碍、精神障碍、食欲减退、体重减轻且接触人群肿瘤发病率升高（其中2,3,7,8-TCDD已被国际癌症研究机构确证为一级致癌物）。

43. POPs对生态系统有什么影响？

POPs通过各种途径进入环境后，会对生态环境造成严重的危害和破坏。如通过生物富集作用，使水生动物如鱼类的体内POPs的含量达到相当高的水平，甚至造成鱼类死亡，而一些食肉的鸟类如鹰、鹗等捕食了被POPs污染的鱼后，污染的鱼体内所携带的POPs（如DDT）就会转移到鸟的体内，鸟类只能靠改变它正常的代谢方式以便代谢体内积蓄的大量DDT。这些改变涉及鸟类在正常代谢时用于调节钙代谢的化合物，而此化合物是鸟类产下厚蛋壳所必不可少的。但当这些化合物被移作他用时，就不再参与产卵过程。结果造成鸟下的蛋的蛋壳变薄，使幼鸟成活率急剧下降。由于这个原因，美国一些地方的鹰和鹗已几乎灭绝。

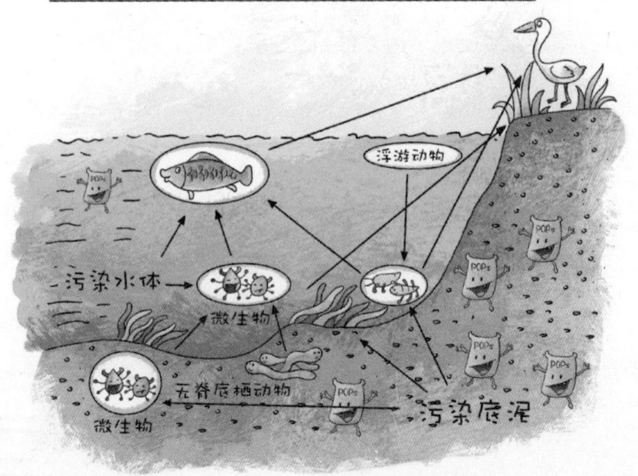

44. 为什么说二噁英是目前世界上已知毒性最强的物质？

如前所述，二噁英是一类化合物的统称，属于氯代三环芳烃类化合物。其中毒性最强的是2,3,7,8-四氯二苯并-对-二噁英（2,3,7,8-TCDD），其分子量为321.96，为无色或白色的结晶固体。

二噁英属剧毒物，其毒性相当于氰化钾的300倍，是对人类健康危害最大的化学品之一，0.1g二噁英就可导致数十人死亡，或杀死上千只禽类。2,3,7,8-TCDD毒性最大，被称为“地球上毒性最强的毒物”，其毒性相当于氰化钾的1 000倍以上、马钱子碱的500倍以上。据报道，较大剂量的二噁英可对眼、鼻、喉等黏膜有严重的刺激作用，可引起视力模糊，肌肉、关节疼痛，恶心、呕吐等症状，并能作用于皮肤，导致严重的“氯痤疮”皮肤病变。因氯气及其他氯代烃也能够引起皮肤类似的病变，而污染也往往是混合的，所以在既往污染事件中不能排除混合作用。

二噁英属剧毒物，其毒性相当于氰化钾的300倍，是对人类健康危害最大的化学品之一，0.1g二噁英就可导致数十人死亡，或杀死上千只禽类。2,3,7,8-TCDD毒性最大，被称为“地球上毒性最强的毒物”，其毒性相当于氰化钾的1 000倍以上、马钱子碱的500倍以上。

45. 什么是二噁英的毒性当量因子和毒性当量？

二噁英类化合物的毒性因氯原子的取代数量和取代位置不同而有差异，含有 1 ～ 3 个氯原子的二噁英被认为无明显毒性；含 4 ～ 8 个氯原子的二噁英有毒，其中 2,3,7,8- 四氯代二苯并 - 对 - 二噁英（2,3,7,8-TCDD）是迄今为止人类已知的毒性最强的污染物，国际癌症研究机构已将其列为人类一级致癌物；如果不仅 2,3,7,8 位置上被 4 个氯原子所取代，其他 4 个取代位置上也被氯原子取代，那么随着氯原子取代数量的增加，其毒性将会有所减弱。由于环境中二噁英类化合物主要以混合物的形式存在，因此在对二噁英类化合物的毒性进行评价时，国际上常将各同类物折算成相当于2,3,7,8-TCDD的量来表示，称为毒性当量（Toxic Equivalent Quangtity，TEQ）。为此引入毒性当量因子（Toxic Equivalency Factor，TEF）的概念，即将某PCDD/Fs的毒性与2,3,7,8-TCDD的毒性相比得到的系数。样品中某PCDD/Fs的质量浓度或质量分数与其毒性当量因子TEF的乘积，即为其毒性当量（TEQ）质量浓度或质量分数。而样品的毒性大小就等于样品中各同类物TEQ的总和。

国际上曾使用过三套TEF值，分别是1989年美国国家环境保护局（USEPA）采用的国际毒性当量因子（I-TEF）、1998年WHO进行更新后的TEF，以及2005年WHO重新修订的TEF。目前三套TEF均有所使用，计算二噁英类毒性当量（TEQ）质量浓度或质量分数时要说明选择的是何种体系的TEF值。

17种二噁英的毒性当量因子

名称	$I\text{-}TEF_{1989}$	$WHO\text{-}TEF_{1998}$	$WHO\text{-}TEF_{2005}$
PCDDs			
2,3,7,8-TCDD	1	1	1
1,2,3,7,8-PeCDD	0.5	1	1
1,2,3,4,7,8-HxCDD	0.1	0.1	0.1
1,2,3,6,7,8-HxCDD	0.1	0.1	0.1
1,2,3,7,8,9-HxCDD	0.1	0.1	0.1
1,2,3,4,6,7,8-HpCDD	0.01	0.01	0.01
OCDD	0.001	0.000 1	0.000 3
PCDFs			
2,3,7,8-TCDF	0.1	0.1	0.1
1,2,3,7,8-PeCDF	0.05	0.05	0.03
2,3,4,7,8-PeCDF	0.5	0.5	0.3
1,2,3,4,7,8-HxCDF	0.1	0.1	0.1
1,2,3,6,7,8-HxCDF	0.1	0.1	0.1
1,2,3,7,8,9-HxCDF	0.1	0.1	0.1
2,3,4,6,7,8-HxCDF	0.1	0.1	0.1
1,2,3,4,6,7,8-HpCDF	0.01	0.01	0.01
1,2,3,4,7,8,9-HpCDF	0.01	0.01	0.01
OCDF	0.001	0.000 1	0.000 3

46. PCBs 污染造成的环境公害事件有哪些？

PCBs 造成的最著名的环境公害事件是日本的米糠油事件，是世界“八大公害事件”之一。1968 年 3 月，在日本的九州、四国等地有几十万只鸡突然死亡，主要症状是张嘴喘、头和腹部肿胀，而后死亡。经检验，发现鸡饲料中有毒，但是由于没弄清楚中毒根源，事情并没有得到进一步的重视和追究。

1968 年 6 月至 10 月，福岛县先后有 4 家 13 人患有病因不明的皮肤病而到九州大学附属医院求诊，患者症状为痤疮样皮疹伴有指甲发黑、皮肤色素沉着、眼结膜充血、眼脂过多等，疑为氯痤疮。根据家庭多发性和食用油使用的特点，初步推测与米糠油有关。九州大学医学部、药学部和县卫生部组成研究组，分为临床组、流行病学组和分析组开展调研。临床组在 3 个多月内确诊 325 名患者（112 家），平均每户 2.9 个患者，证实本病有明显家庭集中性。以后全国各地逐年增多。到 1978 年 12 月，日本有 28 个县正式确认 1 684 名患者，到 1977 年已死亡 30 余人。

经跟踪调查，发现九州大牟田市一家粮食加工公司的食用油工厂，在生产米糠油时，为了降低成本追求利润，在脱臭过程中使用了多氯联苯（PCBs）液体作导热油。因生产管理不善，PCBs 混进了米糠油中。随着受污染的米糠油被销往各地，造成了消费者中毒或死亡。生产米糠油的副产品——黑油被作为家禽饲料售出，也造成大量家禽死亡。后来的研究进一步证明，多氯联苯受热生成了毒性更强的多氯代二苯并呋喃（PCDFs）。

其他 PCPs 公害事件还有我国台湾的油症事件：彰化县溪湖镇一家名为“彰化油脂企业公司”的食用油厂在生产米糠油时，使用了日本的多氯联苯（PCBs）来对米糠油进行脱色和脱味。由于管理不善、管道渗漏，使 PCBs 渗入米糠油中，受热后生成了多氯代二苯并呋喃（PCDFs）和其他氯化物，从而导致食用者中毒甚至死亡。

47. 二噁英污染造成的环境公害事件有哪些？

二噁英污染造成的最严重的环境公害事件是越南的“橙剂事件”。20 世纪 60—70 年代，美国陷入越战的泥潭，越共游击队出没在茂密的丛林中，来无影，去无踪，声东击西。游击队还利用长山地区密林的掩护，开辟了沟通南北的“胡志明小道”，保证了物资运输的畅通。美军为了改变被动局面，决定首先设法清除视觉障碍，使越共军队完全暴露于美军的火力之下。为此，美国空军用飞机向越南丛林中喷洒了 7 600 万 L 落叶型除草剂，清除了遮天蔽日的树木。美军还利用这种除草剂毁掉了越南的水稻和其他农作物。他们所喷洒的面积占越南南方总面积的 10%。由于当时这种化学物质是装在橘黄色的桶里的，所以后来被称为“橙剂”。

越战后，“橙剂后遗症”逐渐显现。越南人民深受其害，由于他们血液中的四氯代苯和二氧芑的含量远远高于常人，其身体因此出现了各种病变。更为严重的是，毒素改变了他们的生育和遗传基因。在越南长山地区，人们经常会发现一些缺胳膊少腿儿或浑身溃烂的畸形儿，还有很多白痴儿童。美国的越战老兵们也深受“橙剂”之苦。目前除糖尿病外，美越战老兵所患的疾病中，已有 9 种被证实与“橙剂”有直接关系，包括心脏病、前列腺癌、氯痤疮及各种神经系统疾病等。他们妻子的自发性流产率和新生儿缺陷率均比常人高 30%。

直到现在，“橙剂”喷洒地的水质和土壤仍然污染严重，附近居民的身体受到严重伤害，居住在受污染地区的越南人血液中的二噁英含量是普通人的200倍。

其他比较严重的二噁英污染事件包括意大利塞维索二噁英污染事件、比利时二噁英鸡污染事件、德国二噁英食品污染事件、我国台湾湾里二噁英污染事件等。

48. 什么导致了乌克兰前总统尤先科的毁容？

尤先科的症状符合“氯痤疮”，这是二噁英类中毒的一个特征标志。它使皮肤发生增生或角化过度、色素沉着，以痤疮形式出现，并伴随胸腺萎缩及废物综合征。

维克托·尤先科，乌克兰前总统，因其独特的魅力和英俊的外貌被评为乌克兰最性感的男人，但是这些在他竞选乌克兰总统期间都被

无情地扭曲了。曾经年轻英俊的尤先科现在看起来满脸麻子，并且有乌青的色斑。

尤先科的症状符合“氯痤疮”，这是二噁英类中毒的一个标志。它使皮肤发生增生或角化过度、色素沉着，以痤疮形式出现，并伴随胸腺萎缩及废物综合征。这种症状将会持续数月乃至数年，在临床上它很难与青春期痤疮相区分，其诊断主要依据接触史与发病年龄及相关因素。

为尤先科进行诊治的奥地利鲁道尔菲纳豪斯医院和其他欧洲医院进行的化验结果均证实了尤先科遭人投毒的事实。医院进行的化验结果表明，尤先科血液和皮肤组织中的二噁英含量超过正常水平1 000倍。医院先后进行的几次诊断结果表明，剧毒的致癌物质二噁英是从口中进入尤先科体内的，尤先科很有可能是因为口服二噁英后造成氯痤疮而毁坏了皮肤。

49. 美国“9·11事件”会造成POPs释放吗？

美国“9 • 11”事件中世贸大楼的火灾产生了大量的烟尘，空气遭到严重污染，其有害物质的含量十分复杂，包括多环芳烃、多氯联苯、二噁英等POPs。为进一步探明空气中有害物质的种类和含量，新泽西州环境和劳动卫生研究所于2001年9月16日—17日，在世贸大厦东部的三个地点采集环境中的灰尘和烟尘样品，检测了样品中无机物（包括金属、石棉、放射性核素和无机化合物等）和有机物（包括多环芳烃、多氯联苯、邻苯二甲酸酯等其他烃类）的含量，并分析了样品中颗粒的形态和大小。在抽到的样品中，微尘颗粒中所含致命性二噁英超出正常空气指数的1 500倍，微尘颗粒中的酸性物质、硫黄粉尘、重金属物质对空气质量的影响都是空前的。此外，空气中石棉粉尘的含量是人体可接受指数的 27 倍，微尘颗粒中的有机烷烃、邻苯二甲酸酯和多环芳烃（含量大于 0.1%）都可直接导致癌症等其他疾病。

50. 美国"多溴联苯污染事件"是怎么回事？

1973 年夏季的一天，美国密歇根化学公司下属的一个工厂把十几袋重 50 磅的多溴联苯（PBBs）装上一辆货车。该货车内还装有多袋饲料添加剂氧化镁，准备运往密歇根州农场局服务公司的一个大型饲料厂。装 PBBs 的口袋标记本来应该是红色的，但因红色口袋不够用，就临时改用油印黑色标记，而氧化镁口袋上的标记也是黑色的，造成二者容易混淆的客观条件。加之 PBBs 与氧化镁外观上相似，货物运到饲料厂后，这数百磅 PBBs 便被当做氧化镁添加剂混入饲料。然后，这批饲料广泛出售和分配到密歇根州各农场，以致大量禽畜摄入了 PBBs。可是当时大家都被蒙在鼓里，直到家畜家禽纷纷病倒和死亡，人们仍然一无所知。

后经 7 个月的调查才弄清，扼杀禽畜的凶手是 PBBs。PBBs 的毒性相当于 PCBs 的 5 倍，人吃了被 PBBs 污染的猪肉后，会出现剧烈头痛、严重倦怠、肠胃难受、关节僵硬或肿胀等各种症状。这桩污染事故的代价是：损失 3 万头牛、6 000 头猪、1 500 只羊、150 万只鸡。至于鸡蛋、奶酪、奶油和饲料的报废数量则更加惊人。

51. “杜邦特氟龙事件”是怎么回事？

2004年7月，美国国家环境保护局以杜邦公司在“特氟龙”制造过程中所释放出的主要成分PFOA违反《资源修复法》和《有毒物质控制法》，造成公共水域和居民饮用水水源污染，并且长期隐瞒公司环境污染和毒性研究结果为由，对其提出正式司法指控，开出了3亿美元的罚单。

PFOS 和 PFOA 原本是美国 3M 公司的产品，其生产和使用时间已近 60 年。后来 3M 公司主要生产 PFOS 及其系列产品，而将 PFOA 生产技术转让给了美国杜邦公司。

2000 年 5 月，美国 3M 公司突然宣布：考虑到 PFOS 在环境中的难分解性和对生态系统造成污染的可能性，从 2001 年 1 月起停止生产含 PFOS 的全部系列产品，到 2004 年则完全停止销售和使用 PFOS 系列产品。

而另一主要 PFOA 生产应用商——杜邦公司，则继续坚持生产和使用这类产品，并且在 1981 年 6 月到 2001 年 3 月，多次拒绝向美国国家环境保护局提交关于含PFOA的产品、特别是不粘锅“特氟龙”[①]材料对人体健康和环境有实质威胁的报告和信息。2004年7月，美国国家环保环境保护局以杜邦公司在“特氟龙”制造过程中所释放出的主要成分PFOA违反《资源修复法》和《有毒物质控制法》，造成公共水域和居民饮用水水源污染，并且长期隐瞒公司环境污染和毒性研究结果为由，对其提出正式司法指控，开出了3亿美元的罚单。2004年9月，杜邦公司迫于压力承诺将减少99%PFOA的排放量，并且承诺向其他厂商广泛地提供减排技术。2005年3月杜邦公司支付了至少1.76亿美元的和解金；此外，还支付2.35亿美元用于监控当地受PFOA影响的居民健康状况的卫生计划。同时，如果今后科学研究证明PFOA对人体健康有害，受PFOA影响的当地居民还有进一步对杜邦公司提起诉讼的权利。

“杜邦特氟龙事件”在国际社会掀起了轩然大波，引起了有关国家在污染控制、环境保护、人体健康和公众知情权等社会问题方面的关注，并为国际社会监控PFOA及其对环境污染和健康危害问题提供了司法借鉴。

---

① 特氟龙是聚四氟乙烯塑料的商品名。

第四部分 POPs 控制与减排技术

52. POPs 控制技术有哪些？

POPs 控制技术分为“源”控制和“汇”控制。“源”控制就是努力从工业生产等源头杜绝 POPs 的产生；“汇”控制则是对进入环境的 POPs 进行削减和消除，也就是对受 POPs 污染的环境进行修复。消除 POPs 污染的源头是当前 POPs 控制工作的重点。

POPs 的源头控制主要有三种途径：一是替代“源”，即开发 POPs 的替代品；二是削减“源”，即通过严格的工艺控制，削减污染源排放的 POPs 数量；三是处置“源”，即对废弃或库存的 POPs 进行最终处置。

POPs 源处置技术的思路是破坏 POPs 的结构，进而消除其危害。目前主要有高温焚烧、化学处理、工程填埋、长期控制存贮和回收综合利用等方法。国内已实现商业化的有水泥窑技术和高温焚烧技术；气相化学还原、电化学氧化、离子电弧法和热脱附技术等在国外已实现商业化，但尚未引入我国。这些技术的成本不一，但总体而言，投资成本和运行成本都比较高。

全球范围的POPs研究表明，POPs广泛存在于水、空气、土壤和生物等生态环境的各要素之中。针对其源头广、介质多的复合性污染和污染物毒性大、结构稳定的特点，用于POPs“汇”控制的主要有技术经济可行性强、易操作、安全性好的物化技术，以及注重生物降解能力与基因工程菌环境安全性的生物技术。

53. 我国的UP-POPs减排目标是什么？

为深入贯彻落实《中国履行斯德哥尔摩公约国家实施计划》，加快解决影响可持续发展和危害人民群众健康的持久性有机污染物

环境污染问题，保障和改善民生，建立对受控持久性有机污染物全面监控和有效预防新增列持久性有机污染物环境和健康风险的长效管理机制，在《关于加强二噁英类污染防治的指导意见》中，我国提出了到2015年，建立比较完善的二噁英类污染防治体系和长效监管机制，单位产量（处理量）二噁英类排放强度降低10%，基本控制二噁英类排放增长趋势的控制目标。为实现以上目标，我国需要在二噁英类排放重点行业推行削减和控制措施，深入开展清洁生产审核，全面推广清洁生产先进技术、最佳可行工艺和技术等。为此，需要开展中国重点区域、重点行业履约关键技术筛选评估，为削减我国二噁英类重点源排放提供技术支持，为控制我国重点区域二噁英类排放增长趋势提供理论依据。

54. 我国哪里能进行PCBs的无害化处理？

早在1995年，沈阳环境科学研究院就建立了国内第一个处置高浓度PCBs废物的焚烧中试装置。

PCBs焚烧中试基地固定床供氧焚化炉

早在 1995 年，沈阳环境科学研究院就建立了国内第一个处置高浓度 PCBs 废物的焚烧中试装置，目前该装置已全面达到国家相关技术标准、许可证规定和试烧计划要求的各项性能指标，可以安全高效地焚烧处置 PCBs 废物。2010 年，日处理 PCBs 污染土壤 70 ～ 100 t 的热脱附处理设备于浙江杭州市安置到位，目前，该设备已投入运行，用于 PCBs 废物的无害化处理。

55. 什么是 POPs 高温焚烧处置技术？

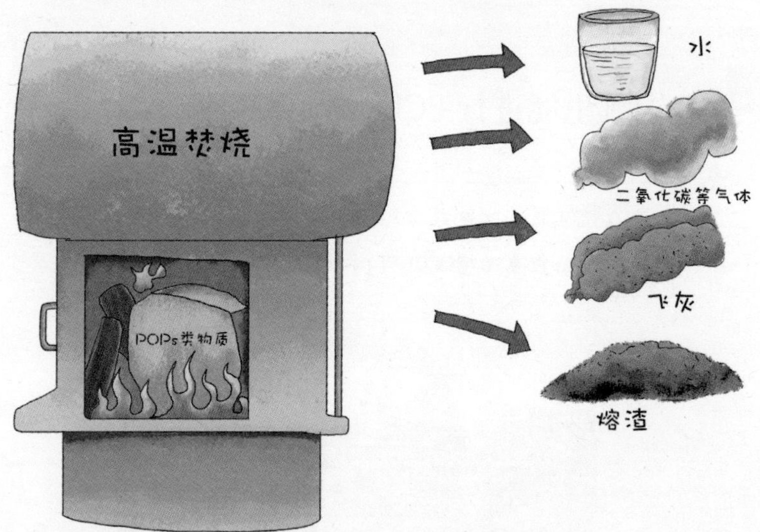

高温焚烧处置技术是通过高温氧化过程，将 POPs 类物质氧化分解为水、二氧化碳等气体，以及飞灰和熔渣等不可燃的固体物质，以消除污染。该技术的处置量大，可连续 24 小时工作，可以处置液态

和固态杀虫剂、污泥、泥浆及被污染的土壤和容器，其去除率最高可达 99.999 95%。然而其建设及运营成本高，一般建设费用在数千万元到数亿元之间，同时要想实现高效率，则需要有连续大量的废物供给，目前该技术在英国和芬兰已有成功的工程实例。

56. 传统的 POPs 处理方法有哪些缺点？

传统的 POPs 废物处理方法有长期贮存、填埋处置、深井注入、危险废物焚烧、水泥窑、金属熔炉 / 锅炉法等，其缺点如下。

方法	缺点
长期储存	除了溅洒和泄漏外，POPs从储存场地的挥发也是可能发生的，尤其是温带气候条件下。即使是在适中的气候条件下，采取了目前最好的防护措施，POPs也能够挥发进入环境。
填埋处置	对于POPs而言，填埋并不能称为是一种销毁技术。它仅仅是一种遏制方法。被填埋废物中的POPs能够逸出到周围环境中，主要是通过渗滤进入地下水和挥发进入大气，填埋场的燃烧也是产生二噁英的重要来源，POPs将进入地下水和大气中。
深井注入	目前尚无预测这种泄漏的途径、速率，以及是否会迁移到地下水或逸出到地表等。关于被注入深井中的POPs的长期行为为目前尚不清楚。
水泥窑	有研究称，处置危险废物的水泥窑所排放的二噁英要显著高于不处置危险废物的，同事在处置后的固体残渣中能够检出二噁英。FAO警告说，利用水泥窑来处置危险物，例如废弃农药，通常是既不安全也不经济有效的，并不适用。
高温焚烧	现代的焚烧炉通常被描绘为能够非常有效的破坏POPs及类似的化学物质。然而，近年来的一些测试表明焚烧炉所能达到的破坏率要比一些非焚烧技术要低一些。二噁英和其他POPs可能会存在于烟道气及固体残渣中。

57. 为什么要采用 POPs 非焚烧处置技术？

近年来的一些研究发现，焚烧炉、水泥窑等焚烧方法会对环境质量和公众健康造成一定影响，POPs焚烧过程中可能会有二噁英生成。因而非焚烧技术的开发得到了一定的发展。一些新开发的技术表现出了较焚烧炉和水泥窑更好的处置性能和价格优势，如气相化学还原、电化学氧化、离子电弧法、热脱附和机械球磨技术等。但是值得注意的是，这些技术对于安装和建造选址、进料、过程控制、日常监测以及其他细节方面都提出了更高的要求。

58. 什么是“最佳可行技术”（BAT）和“最佳环境实践”（BEP）？

为了指导二噁英等 UP-POPs 的减排，联合国环境规划署组织专家制定了“最佳可行技术”和“最佳环境实践”（BAT/BEP）导则。“最佳可行技术”是指所使用的技术已达到最有效和最先进的阶段，可以最大限度地减少 UP-POPs 的排放。这里的“技术”包括所采用的技术以及所涉及的装置的设计、建造、维护、运行和淘汰；“可行”技术是指使用者能够获得的、在一定规模上开发出来的并基于成本和效益考虑，在可靠的经济和技术条件下可在相关工业部门中采用的技术。而“最佳”是指对整个环境全面实行最有效的高水平保护。“最佳环境实践”是指环境控制措施和战略的最佳组合方式的应用。

根据《斯德哥尔摩公约》的精神，缔约方有义务促进或要求最佳可行技术（BAT）的使用，并且推动最佳环境实践（BEP）的广泛应用。

59. 选择 POPs 处理技术时应考虑哪些因素？

目前，POPs 处理技术多种多样，在选择处理技术时，应该考虑如下因素：

（1）经济因素：技术的总投资成本、单位处置容量投资成本、单位处理量运营成本、占地成本等。

（2）环境因素：如硫氧化物排放量、氮氧化物排放量、二噁英产生量、固体废物产生量、对生态环境和居民的影响范围及其他环境风险等。

（3）技术因素：集中处置可能性、对废物种类的适应性、技术成熟度、操作难易程度、与现有设施结合程度等。

60. PCBs 的处理技术有哪些？

由于 PCBs 的分解十分困难，所以早期一般采用储存、填埋或焚烧法处理。储存和填埋仍然对环境有潜在风险，目前除少数国家采用深井储存外，很多国家均已禁止采用这类技术。焚烧法虽然具有处理效率高的优点，但由于温度很高（一般要求在 1 200℃以上）造成处理成本很高，且高温处置易生成二噁英，会对焚烧设施周边区域的生态环境造成危害。自 20 世纪 90 年代以来，研究机构开发出了 PCBs 分解的非焚烧替代技术，如超临界水氧化技术、熔融盐氧化技术、高级氧化技术、气相化学还原技术、溶解电子技术、金属钠还原技术、碱催化分解技术、APEG 脱卤技术和催化氢化技术等。

61. 如何控制废物焚烧过程中二噁英的源头生成？

控制废物焚烧过程中二噁英源头生成的方法如下：

（1）完全燃烧：为避免在焚烧炉内生成二噁英，焚烧炉设计必须保证均匀充分燃烧，燃烧停留时间在 2.0 s 以上，而二噁英的破坏分解温度为 750 ～ 800℃，因此燃烧区的最低温度最好维持在 900 ～ 1 000℃，如此，二噁英将可以被完全摧毁。

（2）急冷设计：废气在废热回收锅炉排放口温度为 200 ～ 250℃，因此二噁英易于炉外合成，所以建议使用快速冷却，利用淬冷室在少于 1s 的时间内将燃烧室排气温度由 1 000℃降至 100℃以下，或是于二噁英最易生成温度段（300 ～ 500℃）向废气系统中喷入氨类物质，与废气中的 HCl 发生反应，减少前趋物的生成，并起毒化催化效果。

（3）氧含量控制：氧含量低于 3.5% 或高于 9% 时都可能生成二噁英。在较高氧气量下生成二噁英，可能是由于过量氧气降低燃烧温度所致。一般而言，在一个设计良好的燃烧系统中，二噁英生成量在干基氧含量为 5.0% ～ 7.0% 时最低。

62. 如何减少焚烧过程中生成的二噁英的末端排放？

在焚烧过程中，如果二噁英的生成不可避免，则需要用一些净化技术来减少二噁英的末端排放：

（1）干式处理流程：包括干式 / 半干式除酸塔、静电除尘、袋式除尘等技术，可利用喷入活性炭或活性焦等物质作为吸附剂来有效去除二噁英及其他微量有害物质（重金属）。

（2）湿式处理流程：含静电除尘、湿式洗烟塔等技术，因湿式洗烟塔仅扮演吸收酸性气体的角色，且因二噁英水溶性低，故其去除功效不大。但由于不断循环洗涤液中氯离子浓度持续累积，造成毒性较低的 OCDD/OCDF 占有率较高，故也可作为控制二噁英毒性当量浓度的方法。

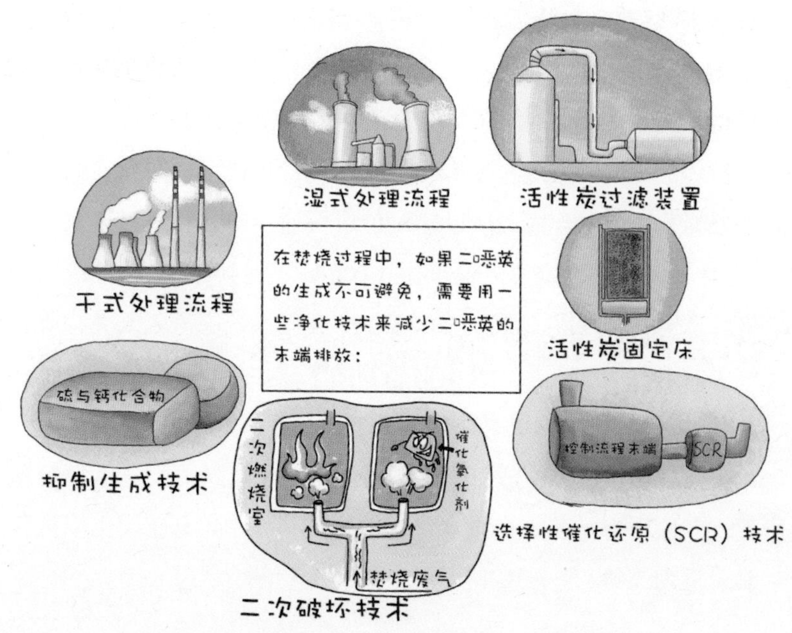

（3）活性炭过滤装置：德国 HBD 公司曾利用活性炭过滤装置测试其对焚烧炉排气中 PCDD/PCDF 的处理性能。其测试数据显示，利用活性炭过滤器处理二噁英效率达 99.5% 以上。

（4）活性炭固定床：即在袋滤除尘后加设一活性炭（或活性焦）固定床吸附过滤器，但因其过滤速度较慢（0.1 ～ 0.2 m/s）、体积大、使用时有自燃的危险，故实际应用较少。

（5）选择性催化还原（SCR）技术：一般加装于控制流程末端，用于去除残余二噁英。但废气进入 SCR 装置时需再加热至 350℃左右，需耗损能源，且空间需求也较大。

（6）抑制生成技术：抑制二噁英生成应是控制其排放量的最佳策略。硫与钙化合物可以有效抑制二噁英的生成。

（7）二次破坏技术：主要针对经焚烧后未被破坏或再生成的二

噁英进行再次破坏，以降低其排放量。其技术可分高温直接破坏（800℃以上）与低温催化氧化破坏（250 ～ 750℃）。前者是将焚烧废气经二次燃烧室（通常维持 800℃以上），在延长废气停留时间期提高二噁英去除率；后者则是利用催化氧化剂在较低的温度下，使二噁英因氧化反应而破坏去除。

63. 目前我国进行了哪些 POPs 替代技术开发？

近年来，我国重点进行了杀虫剂类、溴代阻燃剂和全氟化合物替代品研究。

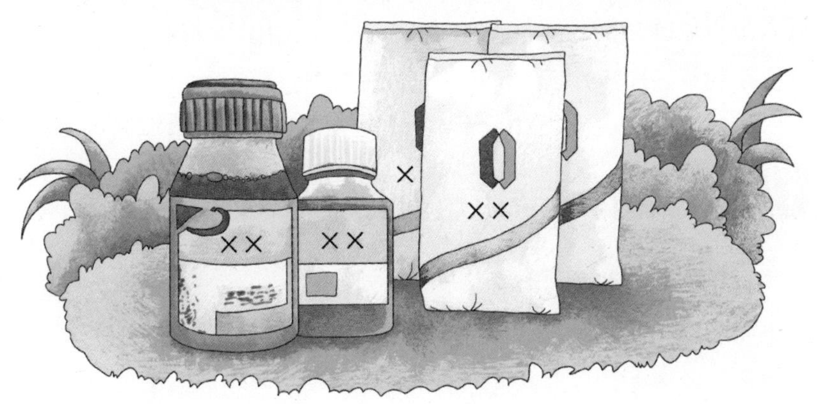

我国明确提出将引进和开发 POPs 替代品或替代技术、推进产业化作为我国履行《斯德哥尔摩公约》的优先性选择和行动目标之一。近年来，我国重点进行了杀虫剂类、溴代阻燃剂和全氟化合物替代品研究，启动了国家 863“典型优控持久性有机污染物替代产品和替代技术”重点研究项目。我国已初步具备杀虫剂类 POPs 替代品的生产能力，但目前替代品成本较高且产品性能尚不能满足替代要求，需要加强自主开发能力，集中力量研发高效低毒、环境友好、经济合理的替代品和替代技术。为履行公约、淘汰 PBDEs，我国正在加紧研制新型阻燃剂，上述 863 项目的子课题“十溴联苯醚阻燃剂替代品开发”的研究目标就是开发能有效取代十溴联苯醚的含磷高聚物阻燃剂，并建成示范工厂。

淘汰 PFOS/PFOSF 的关键在于找到合适的替代品或替代技术，为此环境保护部与世界银行合作，启动了“中国削减和消除 PFOS/PFOSF 战略研究项目”，旨在弄清我国 PFOS/PFOSF 的生产应用清单、评估可能的替代技术、识别机构能力和政策法规方面的改进需求，从而为 PFOS/PFOSF 的淘汰削减战略的制订打下基础。目前，我国科研人员以短链全氟丁基为基础，合成了可用于生产水成膜泡沫（AFFF）灭火剂的氟表面活性剂，可用于 AFFF 生产过程中 PFOS 的替代。

64. 在我国，无卤阻燃剂发展状况如何？

近年来，由于受到十溴二苯醚与六溴环十二烷被列入持久性有机污染物的影响，卤系阻燃剂的发展受到极大的限制，并由此产生了无卤阻燃剂的概念。与卤素阻燃剂相对应，这一概念的产生推动了包括磷系阻燃剂在内的众多无卤阻燃剂的研究与制造的发展。而在 2005 年以后，溴素价格持续攀升，与国内磷资源的价格稳定形成鲜明对比，使得二者之间的价格差距迅速增加，甚至溴系阻燃剂的价格曾经一度高出大多数磷系阻燃剂价格的 1 倍以上。因此，溴系阻燃剂价格的上涨推动了磷系或磷氮系阻燃剂在 2005—2012 年市场迅速增长。2012 年我国阻燃剂消费量约为 47.4 万 t，其中磷系阻燃剂比例最大，总量约为 17.9 万 t，同比 2008 年的 9 万 t，增长速度为 16.4%。

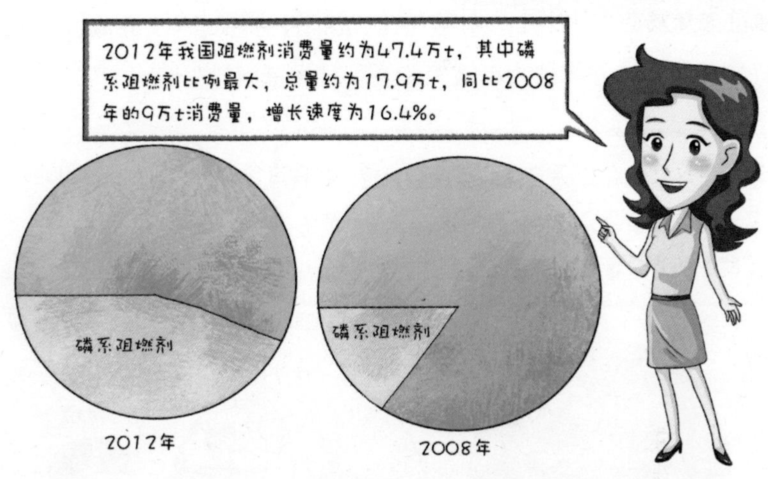

65. 我国应如何促进 UP-POPs 减排？

国际上非常重视二噁英等 UP-POPs 的减排技术的研发，联合国环境规划署专门组织专家编制了《二噁英减排最佳可行技术 / 最佳环境实践（BAT/BEP）技术导则》。然而，现有技术主要来自发达国家的实践，一方面，这些技术系统较为复杂，投资和运行费用普遍较高；另一方面，这些技术是否适合我国国情还缺乏深入分析和实证研究。我国正加紧探究二噁英排放特点和机理，进行其控制方法的研究，并且在钢铁、造纸、焚烧等行业的多个企业成功进行了技术示范。目前，迫切需要推广一批符合国情、技术经济性较高、接近国际先进水平的技术，以支撑 UP-POPs 减排。我国二噁英减排任重道远，需要积极借鉴发达国家 / 地区的成功经验，加大工作力度，大力实施《中国履行斯德哥尔摩公约国家实施计划》，明确二噁英减排目标，完善法律、标准、政策体系，推进重点地区、重点行业减排，加强二噁英减排的技术支撑，提高二噁英检测能力，推广应用BAT/BEP；并且通过严格的监督机制，保证减排目标、法律法规、政策和各种技术措施的落实。

我国正加紧探究二噁英排放特点和机理，进行其控制方法的研究，并且在钢铁、造纸、焚烧等行业的多个企业成功进行了技术示范。

焚烧

钢铁

造纸

66. 什么是UP-POPs的协同控制？

近年来，我国不断加强对环境污染物的综合防治和专项治理工作，出台的法规政策虽未直接对二噁英或其他UP-POPs进行规定，但是在实施过程中，可以对二噁英或其他UP-POPs产生协同削减和控制作用，从而体现“积极推进污染物协同控制”的理念。在协同削减和控制政策中，以《大气污染防治行动计划》最为典型。《大气污染防治行动计划》对整治燃煤小锅炉，推进集中供热、“煤改气”的要求可以通过减少二噁英排放源和降低二噁英排放因子来实现二噁英协同削减的效果；而钢铁、水泥、电解铝、平板玻璃等行业落后产能淘汰任务更是直接削减了二噁英的主要排放源，无疑将减少二噁英排放；此外，对重点行业推进清洁生产审核和技术改造都会对二噁英减排产生积极影响；最后，完善法规和政策、提升监管能力也将会对二噁英减排产生推动作用。

67. POPs 污染场地如何修复？

与发达国家相比，我国对于 POPs 污染场地重视得较晚，POPs 污染场地修复研究的前期基础十分薄弱。目前，POPs 污染场地修复技术主要分为原位修复技术和异位修复技术，原位修复技术包括原位热处理技术、原位玻璃化技术、原位生物修复技术以及植物修复技术等；异位修复技术包括高温焚烧技术（含水泥窑技术）、低温热解析技术和异位生物修复技术等。

各种技术在处理效果、处理费用以及因技术实施所引起的环境压力和环境污染等方面差别很大。受资金要求等方面因素的影响，目前可用的一些技术和设备在国内尚不成熟，要开展 POPs 污染场地的修复面临诸多困难。因此，需要对这些技术进行评估，以便在有限的资金条件下最大限度地减少污染，降低环境风险。

68. 什么是化学品的“环境无害化管理”？

化学品的环境无害化管理发展趋势

（1）强化和完善化学品环境管理立法，开展化学品危险鉴别与风险评价。

（2）禁止和淘汰高危险性化学品的生产和使用，推行清洁生产，实现从末端治理向污染预防的转变。

（3）延伸生产企业的环境责任，鼓励发展绿色化工技术。

（4）鼓励公众知情与参与，推行“责任关怀”制度，促进安全、健康和环境保护。

按照《斯德哥尔摩公约》的要求，应该对 POPs 废弃物进行环境无害化管理。国际化学品环境无害化管理的指导方针可以概括为：“以保护人类健康和环境为首要目标，通过建立、健全化学品安全管理法律、法规和安全管理制度，采用科学、符合国情与国际规范的程序，开展化学品危险性鉴别、分类和标签，进行风险评价和风险管理；重点控制和淘汰那些对人体健康或环境构成不可接受或无法控制风险的化学品；制定事故应对程序和应对预案，尽量降低重大事故的风险及影响；妥善处理处置化学品生产和使用中产生的化学废弃物。鼓励开发、使用安全无害及对环境友好的化学产品。公开与传播化学品安全信息，鼓励工人和公众知情参与安全生产，预防和有效控制化学品生命周期各个阶段对人体健康和环境的危害，同时维护化学品技术革新和工业竞争力，促进社会经济的可持续发展。”

近年来，化学品的环境无害化管理的发展趋势主要体现为以下几点：

（1）强化和完善化学品环境管理立法，开展化学品危险鉴别与风险评价。

（2）禁止和淘汰高危险性化学品的生产和使用，推行清洁生产，实现从末端治理向污染预防的转变。

（3）延伸生产企业的环境责任，鼓励发展绿色化工技术。

（4）鼓励公众知情与参与，推行“责任关怀”制度，促进安全、健康和环境保护。

69. 什么是“综合害虫防治”（IPM）？

联合国粮农组织将综合害虫防治（Integrated Pest Management，IPM）定义为：“综合害虫防治是一套害虫防治系统，这个系统考虑到害虫的种群动态及其有关环境，利用所有适当的方法与技术，以尽可能互相配合的方式，来维持害虫种群引起经济危害的水平。”其要点为：

（1）害虫、全球变化与可持续发展（环境）、防治三者相结合。

（2）强调治本：以环境治理为主。

（3）强调关注有害生物种群动态。

（4）强调以“控制”为综合防治的目的，不做消灭。

IPM强调只有在有害生物的危害会导致经济损失的前提下才对其进行防治，也就是说，允许作物上存在一定数量的病菌或害虫，只要它们的种群数量不足以达到经济危害水平，就不必进行防治。另外，在IPM的实践中，非常重视包括抗性品种、栽培措施、生物天敌、化学药剂在内的综合防治技术的应用，尤其是利用天敌等生物控制因子来控制病虫害，对化学农药的施用采取慎重的态度。

采用IPM来淘汰和替代有机氯农药类POPs在农业生产、城市卫生等领域的应用，目前已成为世界各国的共识。

联合国粮农组织将IPM定义为：“综合害虫防治是一套害虫防治系统，这个系统考虑到害虫的种群动态及其有关环境，利用所有适当的方法与技术，以尽可能互相配合的方式，来维持害虫种群引起经济危害的水平。”

第五部分
POPs 履约

70.《斯德哥尔摩公约》的由来是什么？

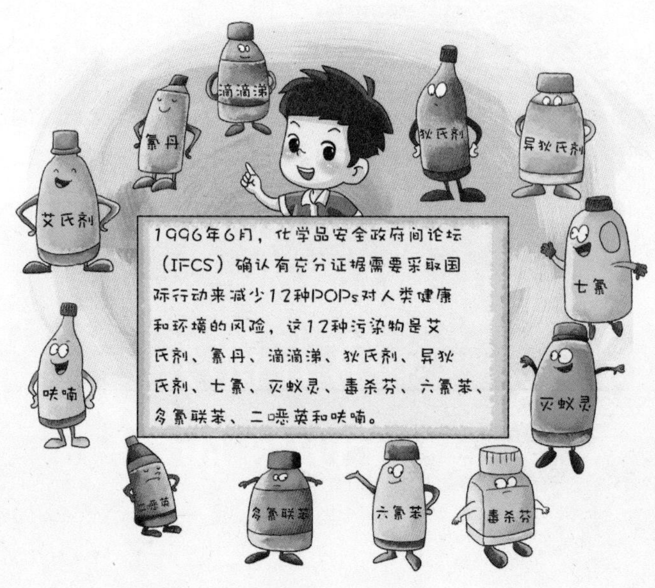

20世纪60年代到90年代，全球发生了一系列POPs公害事件，POPs的危害越来越引起人们的关注。

1995年5月，联合国环境规划署（UNEP）理事会第五次会议通过了18/32号决议，邀请有关国际机构对POPs问题进行评估。

1996年6月，化学品安全政府间论坛（IFCS）确认有充分证据需要采取国际行动来减少12种POPs对人类健康和环境的风险，这12种污染物是艾氏剂、氯丹、滴滴涕、狄氏剂、异狄氏剂、七氯、灭蚁灵、毒杀芬、六氯苯、多氯联苯、多氯联苯并-对-二噁英和多氯联苯并呋喃。

1997年2月，UNEP理事会决定邀请有关国际组织准备召开政府间谈判委员会（INC），制订有法律约束力的国际文书以便采取国际行动；同时通过了 19/13C 号决议，采纳了 IFCS 的研究结论及推荐意见。

2000 年 12 月，INC-5 于南非约翰内斯堡召开，122 个国家的代表同意对首批 12 种 POPs 所造成的健康和环境风险采取全球控制。

2001 年 5 月 22 日—23 日，127 个国家的代表参加了在瑞典斯德哥尔摩召开的全权代表大会，通过了《关于持久性有机污染物的斯德哥尔摩公约》，并开放供各国签署。

71.《斯德哥尔摩公约》是何时开始生效的？

《斯德哥尔摩公约》规定：“本公约应自第五十份批准、接受、核准或加入文书交存之日后第九十天起生效。”2004 年 2 月 17 日，法国正式批准了《斯德哥尔摩公约》，成为其第 50 个核准国。因此按照上述规定，在此之后第 90 天，即 2004 年 5 月 17 日，《斯德哥尔摩公约》正式生效，全球削减和淘汰 POPs 进入实质性的全面实施阶段。

72.《斯德哥尔摩公约》的目标和目的是什么？

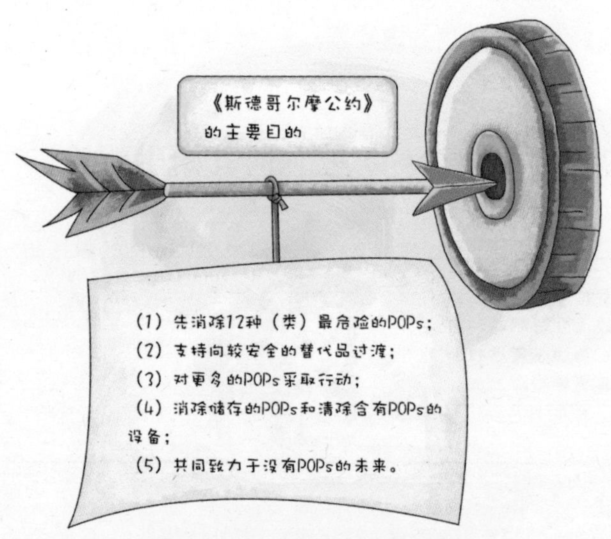

《斯德哥尔摩公约》的目标是：铭记《关于环境与发展的里约宣言》之原则 15 确立的预防原则，保护人类健康和环境免受持久性有机污染物的危害。

《斯德哥尔摩公约》具有 5 个主要目的：

（1）先消除 12 种（类）最危险的 POPs；

（2）支持向较安全的替代品过渡；

（3）对更多的 POPs 采取行动；

（4）消除储存的 POPs 和清除含有 POPs 的设备；

（5）共同致力于没有 POPs 的未来。

73.《斯德哥尔摩公约》的缔约方有哪些义务？

《斯德哥尔摩公约》对缔约方义务进行了一般性规定：

（1）在公约生效两年之内，努力制定旨在履行本公约规定各项义务的实施计划；

（2）向缔约方大会报告为执行公约采取的措施；

（3）促进和进行 POPs 方面的信息交流，包括为此建立国家联络窗口；

（4）推动和促进认识、教育并向公众提供信息，特别是决策者和有影响的团体；

（5）鼓励和进行 POPs 及其替代品的研究、开发和监测工作，并支持这些方面的国际努力。

74.《斯德哥尔摩公约》规定缔约方应采取哪些措施来控制 POPs？

《斯德哥尔摩公约》规定缔约方有责任采取措施减少或消除公约规定的 POPs 的释放，即：

（1）考虑 POPs 在使用方面的具体豁免和某些特定豁免，减少公约附件 A 所列 POPs 的生产和使用（艾氏剂、氯丹、滴滴涕、狄氏剂、异狄氏剂、七氯、六氯苯、灭蚁灵和毒杀芬）；

(2)限制公约附件B所列POPs的特定可接受用途的生产和使用，对DDT按世界卫生组织指南用于病媒控制实行特定的其他限制性豁免；

（3）限制附件A和B所列POPs的出口：（i）到具有具体豁免或准许用途的缔约方；（ii）到非缔约方并证明其符合公约相关条款的规定；或（iii）为环境无害化处置的目的；

（4）确保PCBs以环境无害化方式管理，并在2025年之前采取行动消除确定的临界线之上的PCBs的使用；

（5）如果国家已经注册过，确保DDT的使用限制在病媒控制方面，并应根据世界卫生组织的指南，报告该化学品的使用量；

（6）开发和实施一个行动计划来确定附件C所列POPs副产品的来源并减少释放，包括编制和保持排放来源清单和排放量预测；包括使用现有最佳技术和最佳环境管理的做法；

（7）制定战略确定附件A和B所列POPs的库存和含附件A、B、和C所列POPs产品，并采取措施确保POPs废物的管理和以无害环境的方式予以处置。根据国际标准和指南（如《控制有害物质及其处置越境转移的巴塞尔公约》），尽力确定可能恢复的POPs污染场地。

75. “新POPs”如何列入《斯德哥尔摩公约》管制范围？

凡是符合POPs甄选标准的有机污染物，任一缔约方均可向公约秘书处提交提案，建议将其列入公约管制范围的提案，并提交证明其符合筛选标准的各项资料；公约秘书处核实提案合格后将之转交持久性有机污染物审查委员会；审查委员会以灵活而透明的方式对提案进行审查，如果认定提案符合筛选标准，则委员会将拟订风险简介草案；如果根据风险简介认定该化学品由于其远距离的环境迁移而可能导致对人类健康和/或环境的不利影响因而有理由对之采取全球行动，则审查委员会应编写风险管理评价报告，提出是否应提交缔约方大会审议的建议。缔约方大会在适当考虑该委员会的建议、包括任何科学上的不确定性之后，根据预防原则，决定是否将该化学品列入公约，并规定相应的管制措施。

76. 哪些“新 POPs”可能被加入《斯德哥尔摩公约》？

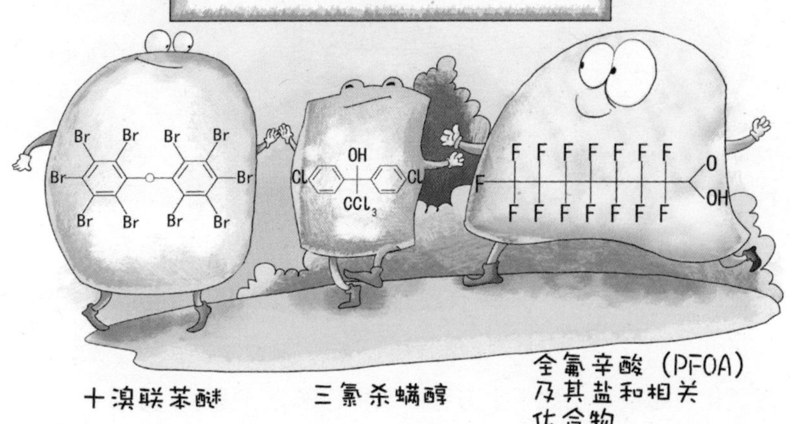

《斯德哥尔摩公约》规定，受控 POPs 名单是一个动态的名单，日后将按照公约中所列出的甄选标准和流程不断地增补新的 POPs。事实上，符合 POPs 定义的化学物质有很多种（类），新 POPs 名单在不断更新中。目前，短链氯化石蜡（SCCPs）、十溴联苯醚、三氯杀螨醇和全氟辛酸（PFOA）及其盐和相关化合物作为候选受控 POPs 正在接受审查，将来有可能通过缔约方大会被列入《斯德哥尔摩公约》。

77. 什么是短链氯化石蜡？

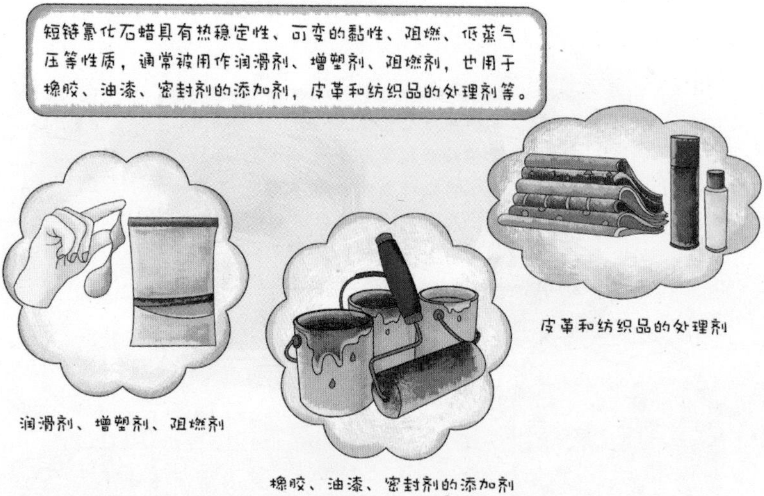

短链氯化石蜡具有热稳定性、可变的黏性、阻燃、低蒸气压等性质，通常被用作润滑剂、增塑剂、阻燃剂，也用于橡胶、油漆、密封剂的添加剂，皮革和纺织品的处理剂等。

润滑剂、增塑剂、阻燃剂

橡胶、油漆、密封剂的添加剂

皮革和纺织品的处理剂

氯化石蜡是由不同碳链长度的正构烷烃或其混合物与氯化试剂（如氯气等）发生自由基反应制得的，由于氯原子的位置千变万化，导致氯化石蜡成为由成千上万种同系物、同分异构体、对映和非对映异构体组成的极其复杂的混合物。氯化石蜡按链长可分为短链氯化石蜡（SCCPs,C10-C13）、中链氯化石蜡（MCCPs,C14-C17）和长链氯化石蜡（LCCPs,C18-C30），SCCPs具有热稳定性、可变的黏性、阻燃、低蒸气压等性质，通常被用作润滑剂、增塑剂、阻燃剂，也用于橡胶、油漆、密封剂的添加剂，皮革和纺织品的处理剂等。

SCCPs按含氯量可分为：42%、48%、50%～52%、65%～70%四种。前三者为淡黄色黏稠液体，后者为黄色黏稠液体。含氯量42%、48%、50%～52%的三种可代替部分主要增塑剂，不仅降低成本，而且可使制品具有阻燃性，相容性也好。广泛应用在电缆中，也可用于制水管、地板、薄膜、人造革、塑料制品和日用品等。含氯量 65% ～ 70% 的 SCCPs 主要用作阻燃剂，与三氧化二锑混合用于聚乙烯、聚苯乙烯等中。

SCCPs 是一类具有持久性、生物蓄积性、毒性和远距离迁移能力的有机物，具有致畸、致病、致突变的毒性。SCCPs 在环境中长期存在，低浓度即对水生生物产生毒性，对野生动植物和人类均存在生物富集作用，对人类健康和环境存在污染危险。欧盟于 2009 年将 SCCPs 列入 REACH 法规高关注物质清单。2012 年 6 月 20 日，欧盟认定 SCCPs 为持久性有机污染物，并将其加入欧盟 POPs 法规禁用物质列表中，限用范围扩大到所有物品。2013 年 1 月 11 日起，欧盟在所有物品中全面禁止使用 SCCPs。

78.《斯德哥尔摩公约》有什么最新进展？

第七次《斯德哥尔摩公约》缔约方大会于 2015 年 5 月 4 日—8 日在瑞士日内瓦召开，此次缔约方大会与《巴塞尔公约》第十二次缔约方大会、《鹿特丹公约》第七次缔约方大会采用背靠背的方式进行，来自 164 个缔约方国家、10 个国际组织、105 个非政府组织等的 1 200 余名代表出席了会议。本次会议主要采纳了 3 项决定，包括：

（1）将六氯丁二烯、五氯苯酚及其盐和酯以及多氯化萘这三类物质加入附件 A 第 I 部分。

（2）对豁免条款进行相关调整，其中包括：全氟辛烷磺酸（PFOS）及其盐以及全氟辛烷磺酸氟（PFPSF）将不再享有在地毯、皮革、服装、纺织、家具、纸张、包装、涂料、涂料助剂、橡胶、塑料等产品中的豁免。

（3）对滴滴涕（DDT）、多氯联苯（PCBs）、多溴二苯醚（PBDEs）、全氟辛烷磺酸（PFOS）、非故意产生 POPs、最佳可行技术 / 最佳环境实践（BAT/BEP）以及 POPs 废物等条款的调整。

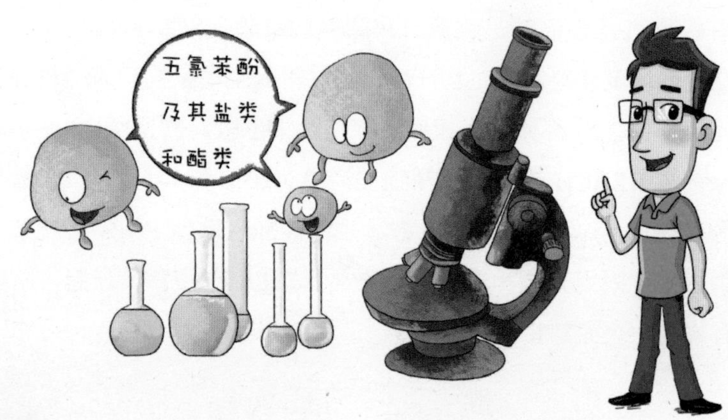

79.《斯德哥尔摩公约》何时对我国生效？

2001 年 5 月 23 日，《斯德哥尔摩公约》开放签署的首日，经国务院授权，原国家环境保护总局副局长祝光耀代表中国政府签署了该公约。2004 年 6 月 25 日，经第十届全国人民代表大会常务委员会第十次会议审议通过，正式批准我国加入《斯德哥尔摩公约》。2004 年 11 月 11 日，《斯德哥尔摩公约》对我国正式生效，标志着我国将全面履行公约所赋予的各项义务，淘汰和削减公约所列出的各种 POPs；同时也标志着中国政府成为公约的正式缔约方。按照《中华人民共和国香港特别行政区基本法》第 153 条和《中华人民共和国澳门特别行政区基本法》第 138 条，中央人民政府在征询香港特别行政区和澳门特别行政区的意见后，已决定《斯德哥尔摩公约》将适用于香港特别行政区和澳门特别行政区。因此，《斯德哥尔摩公约》同样已于 2004 年 11 月 11 日对香港特别行政区和澳门特别行政区生效。

80. 我国协调 POPs 履约的工作机构是什么？

经国务院批准，我国成立了由环境保护部牵头、13 个部委组成的“国家履行《斯德哥尔摩公约》工作协调组”（简称“履约工作协调组”），负责审议和执行国家 POPs 管理和控制的方针和政策，协调国家 POPs 管理及履约方面的重大事项。

履约工作协调组下设协调办公室（简称“协调办”），对外作为中国履行《斯德哥尔摩公约》的联络点和信息交换场所；对内负责建立和完善履约管理信息机制以及履约活动的日常组织、协调和管理。具体负责履约工作协调组交办的各项工作；开展公约政策研究和组织公约谈判；协调组织有关部门拟定履约相关的配套政策、法规和标准并推动实施；协调组织相关部门和地方开展国家履约项目的筛选、准备、报批和实施；指导地方开展相关履约活动；开展有关宣传、教育和培训等活动；组织开展履约绩效的评估。

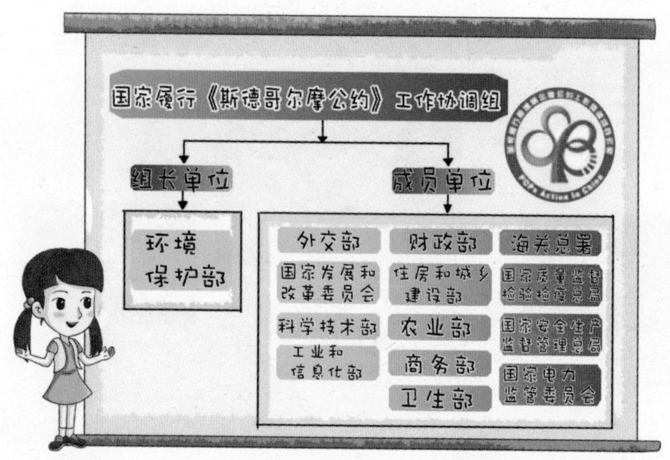

81. 我国 POPs 履约取得了哪些进展？

中国政府高度重视 POPs 污染防治和履约工作，过去几年，在全国范围内开展了 POPs 调查，基本掌握了 17 个二噁英排放主要行业的情况，摸清了全国电力行业和 8 个省份非电力行业含多氯联苯电力设施在用及其废物数量和存放情况；查明了 11 个主要省份杀虫剂类 POPs 废物种类、数量和存放情况，以及 44 家曾经生产杀虫剂类企业 POPs 污染场地状况，对两个典型的污染场地进行了污染探测分析，从而明确了 POPs 污染防治的重点区域、重点行业和重点监管对象。

此外，还颁布了 30 多项与 POPs 污染防治和履约相关的管理政策、标准和技术导则，初步构建了 POPs 政策法规和标准体系。

从 2009 年 5 月开始，在中国境内全面禁止了滴滴涕、氯丹、灭蚁灵及六氯苯的生产、流通、使用和进出口，兑现了履约承诺，实现了阶段性履约目标。2010 年 10 月，环境保护部等九部委联合发布了《关于加强二噁英污染防治的指导意见》，明确提出了对二噁英排放行业的技术和环境管理要求，标志着中国对二噁英的削减进入了实质性的监管阶段。

82. 目前我国消除 POPs 面临的挑战和机遇有哪些？

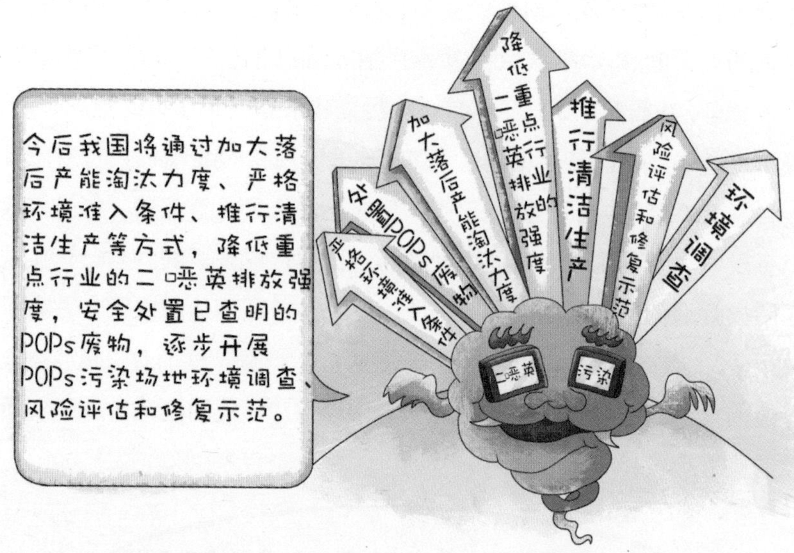

当前我国 POPs 污染防治的形势依然十分严峻：二噁英排放量大而且涉及领域广泛，新受控 POPs 不断增加；POPs 废物和污染场地环境隐患突出；政策法规体系不完善，监督管理能力不足；替代技术缺乏，污染控制技术水平较低；POPs 履约资金缺口大，投入不足。虽然我国 POPs 污染防治和履约工作面临巨大的压力和挑战，但同时也迎来了前所未有的大好机遇，特别是《国务院关于加强环境保护重点工作的意见》中明确提出要加强 POPs 排放重点行业的监督管理。今后我国将通过加大落后产能淘汰力度、严格环境准入条件、推行清洁生产等方式，降低重点行业的二噁英排放强度，安全处置已查明的 POPs 废物，逐步开展 POPs 污染场地环境调查、风险评估和修复示范。为全面落实《中国履行斯德哥尔摩公约国家实施计划》要求，我国需要进一步完善政策，强化监管，构建 POPs 污染防治长效机制。POPs 污染防治科学技术的进一步发展也将促进我国实施《中国履行斯德哥尔摩公约国家实施计划》，履行《斯德哥尔摩公约》，并推动 POPs 防治相关产业的发展。

83. 我国目前有机氯农药类 POPs 的总体情况如何？

《斯德哥尔摩公约》中的受控 POPs 大多数是有机氯农药。作为农业大国，我国曾经是有机氯农药的主要生产国和消费国。20 世纪 40 年代末，有机氯农药 DDT、六六六引进我国，70 年代以后进入大量运用阶段。据统计，1970 年我国共使用 DDT、六六六、毒杀芬等有机氯杀虫剂 19.17 万 t，占农药总用量的 80.1%；20 世纪 80 年代初，在调查统计的全国 2 258 个县（市）中，有机氯农药使用量占农药总用量的 78%。我国在 20 世纪 60—80 年代大量生产和使用的农药主要是有机氯农药。

列在公约中的首批 9 种有机氯农药中，我国除了艾氏剂、狄氏剂和异狄氏剂未生产之外，曾大量生产和使用过 DDT、毒杀芬、HCB、氯丹、灭蚁灵、七氯等 6 种农药。30 多年中，我国累计施用 DDT 40 多万 t，约占国际用量的 20%。自 1982 年我国开始实施农药登记制度以后，已先后停止了氯丹、七氯和毒杀芬的生产和使用，但仍保留有 DDT 农药登记和 HCB 的生产。前者主要作为生产农药三氯杀螨醇的原料；后者主要用于生产农药 PCP 和五氯酚钠。直到 2009 年 4 月，国家有关部委联合发布了《关于禁止生产、流通、使用和进出口滴滴涕、氯丹、灭蚁灵及六氯苯的公告》，自 2009 年 5 月 17 日起，禁止在我国境内生产、流通、使用和进出口滴滴涕、氯丹、灭蚁灵和六氯苯，至此，我国全面淘汰了首批 9 种杀虫剂类 POPs。但是目前新列入 POPs 名单的硫丹仍然在我国大量生产和使用。

84. 我国 PCBs 的总体情况如何？

我国自 1965 年开始生产 PCBs，主要为三氯联苯和五氯联苯。到 1974 年大多数工厂已停止生产，20 世纪 80 年代初全部停止生产。在此期间，我国生产的 PCBs 总量累计达到 1 万 t，其中约 9 000 t（三氯联苯）用作电力电容器的浸渍剂，约 1 000 t（五氯联苯）用于油漆添加剂。此外，20 世纪 50—80 年代，我国在未被告知的情况下，还先后从比利时、法国等国进口过大量装有 PCBs 的电力电容器，目前这些设备多数已经报废。据调查，废旧电容器的浸渍剂中 PCBs

的含量大于 90%，而废弃的进口变压器的变压器油中 PCBs 的含量大于 50%。

三氯联苯主要用于制造电力行业使用的电容器。平均每个电容器需要使用大约 12 kg 三氯联苯，基于 9 000 t 的产量，估计我国生产了 75 万个电容器。然而，根据我国 1975 年安装的变压能力进行估计，共需要 115 万个电容器，表明我国还进口了大约 40 万个电容器。如果这个估计正确的话，估计将有 4 000 ～ 5 000 t 的三氯联苯随着电容器设备进口到我国，因此，由于国内生产和国外进口电容器，三氯联苯总量将可能达 13 000 ～ 13 500 t。我国从未制造过含有 PCBs 油的变压器，但是进口数量未知。目前已经发现并处置了 30 个这样的变压器，但是无法估计现在我国仍然有多少，或者仍在使用或被封存待处置的有多少。必须采取行动识别并处理这样设备。

由于我国的电容器寿命约为 15 年，所以可以推断出，1975 年以前生产或者进口的 115 万个含有 PCBs 的电容器，目前绝大部分都已经退出使用。20 世纪 70 年代和 80 年代，我国进口了一些专用电容器和变压器，其中电容器的寿命约为 15 年，变压器为 25 ～ 40 年。因此，至 2003 年，其中绝大部分电容器和部分变压器已经退出了使用。假设我国仍有 10% 含有 PCBs 的电容器在使用，那么大约有 100 万个电容器和未知数量的变压器已经退出使用，被封存和放在遍布全国的处置点。20 世纪 80 年代，按照有关部门的要求，许多退出服务的电力设备在处置前，都被收集到临时封存点。确定的封存时间为 3 年，随后，陈旧废弃设备都被放到了山洞或者专门的混凝土掩埋点。

85. 我国二噁英排放的总体情况如何？

根据《斯德哥尔摩公约》要求，我国需要对二噁英类排放源进行系统的调查研究。我国科研人员参考 UNEP 的《鉴别及量化二噁英类排放标准工具包》（以下简称工具包），结合实际测试和文献调研，确定了各类二噁英排放源的排放因子，对我国各行业二噁英排放量进行了评估。

调查发现，我国存在工具包中列出的 10 大类 62 个子类的几乎所有类别的排放源。2004 年我国各类源二噁英排放总量为 10.2 kg TEQ，其中向空气中排放 5.0 kg TEQ，向水体中排放 0.041 kg TEQ，通过产品排放 0.17 kg TEQ，通过残渣、飞灰等向环境排放 5.0 kg TEQ。在所有排放源中，金属冶炼排放二噁英量最大，占 45.6%，第二是发电和供热，第三是废物焚烧，这三类源排放量合计占到总排放量的 81%。以 2013 年为基准年的二噁英排放清单更新研究显示，从总量来看，2013 年与 2004 年的排放量几乎持平，向各介质的排放量也都相差不大。

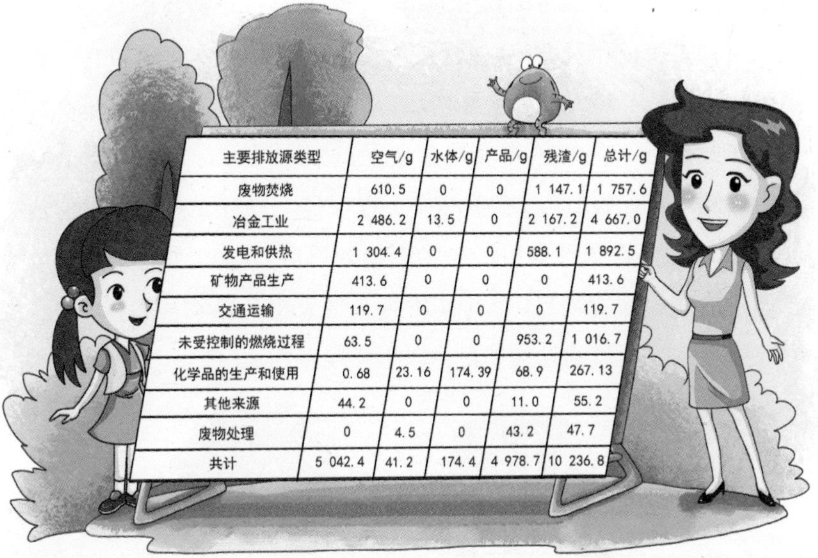

主要排放源类型	空气/g	水体/g	产品/g	残渣/g	总计/g
废物焚烧	610.5	0	0	1 147.1	1 757.6
冶金工业	2 486.2	13.5	0	2 167.2	4 667.0
发电和供热	1 304.4	0	0	588.1	1 892.5
矿物产品生产	413.6	0	0	0	413.6
交通运输	119.7	0	0	0	119.7
未受控制的燃烧过程	63.5	0	0	953.2	1 016.7
化学品的生产和使用	0.68	23.16	174.39	68.9	267.13
其他来源	44.2	0	0	11.0	55.2
废物处理	0	4.5	0	43.2	47.7
共计	5 042.4	41.2	174.4	4 978.7	10 236.8

86. 我国 POPs 污染防治的近期目标是什么?

根据《斯德哥尔摩公约》的要求，我国编制了《中国履行斯德哥尔摩公约国家实施计划》（以下简称《国家实施计划》），确定了分阶段、分行业和分区域的履约目标、措施和具体行动。《国家实施计划》成为我国开展持久性有机污染物削减、淘汰和控制工作的纲领性文件。为贯彻落实《国家实施计划》，我国制定发布了全国主要行业持久性有机污染物污染防治“十二五”规划。规划以 2008 年为基准年，提出了规划目标年 2015 年的控制目标：到 2015 年，要基本控制重点行业二噁英排放增长的趋势；全面下线、标识、管理已识别在用多氯联苯电力设备；安全处置已识别杀虫剂废物；无害化管理已识别杀虫剂类高风险污染场地；加强持久性有机污染物监管能力建设；初步建立持久性有机污染物污染防治长效机制；推进新增列持久性有机污染物的调查和管理；有效预防、控制和降低持久性有机污染物污染风险，保障环境安全和人体健康。

在此目标下，我国将实施 7 大重点工程项目，包括 454 个淘汰落后产能项目，110 个二噁英减排工程项目，22 个二噁英技术示范工程项目，42 个持久性有机污染物废物处置项目，40 个污染场地风险管理、治理和修复项目，2 个新增持久性有机污染物项目，6 个法规标准体系完善及监测管理项目，以上总投资约 85 亿元。

我国POPs污染防治十二五规划目标

规划指标	规划目标值
重点行业二噁英单位产量（处理量）排放强度削减率	10%
已识别在用含多氯联苯电力装置下线率	100%
已识别杀虫剂废物安全处置率	100%
已识别高风险杀虫剂类污染场地无害化管理率	大于85%

87. 什么是 POPs 统计报表制度？

为全面、准确地掌握持久性有机污染物（POPs）污染源及其排放变化趋势，为各级政府制定 POPs 污染防治政策和计划、进行环境监理提供依据，同时，为我国履行《斯德哥尔摩公约》提供可靠的数据资料，依照《中华人民共和国统计法》和《环境统计管理办法》的规定，出台了 POPs 统计报表制度。

POPs 统计报表制度主要针对两类污染物：二噁英和多氯联苯（PCBs）。二噁英的统计范围为：废弃物焚烧、制浆造纸、水泥窑共处置废物、铁矿石烧结、炼钢生产、焦炭生产、铸铁生产、再生有色金属生产、镁生产和遗体火化 10 个主要行业，统计对象为以上行业中符合统计条件的产业活动单位，统计内容包括企业的基本情况、产品产量、生产工艺及二噁英排放及其变化情况等。多氯联苯的统计范围和对象为含多氯联苯电力设备的在用企业事业单位和含多氯联苯废物存储企业事业单位，统计内容为含多氯联苯电力设备使用情况、含多氯联苯废物存储情况。

POPs 统计报表制度的具体统计方法为：区县级环境保护部门按照统计范围拟定统计企业名单，发放统计表，采用现场审核与资料核查相结合的方式对统计表进行审核。数据经各级环境保护部门逐级汇总审核统计后上报环境保护部。

88. 目前我国哪些 POPs 仍在生产和使用？

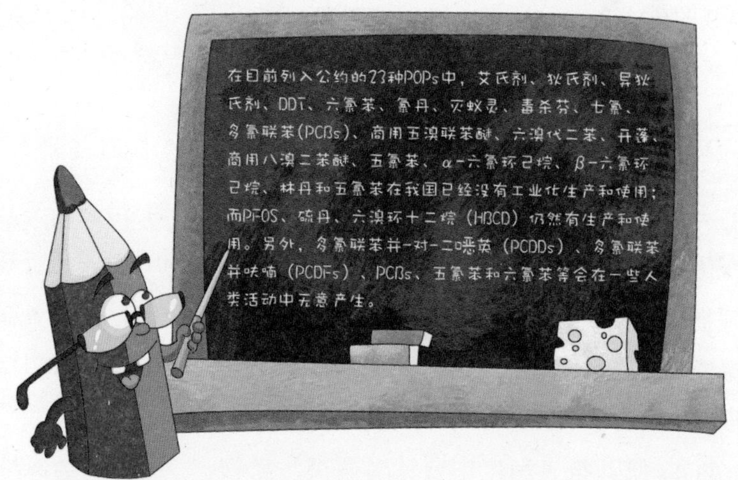

在目前列入《斯德哥尔摩公约》的 23 种 POPs 中，艾氏剂、狄氏剂、异狄氏剂、DDT、六氯苯、氯丹、灭蚁灵、毒杀芬、七氯、多氯联苯（PCBs）、商用五溴联苯醚、六溴代二苯、开蓬、商用八溴二苯醚、五氯苯、α- 六氯环己烷、β - 六氯环己烷、林丹和五氯苯在我国已经没有工业化生产和使用；而 PFOS、硫丹、六溴环十二烷（HBCD）仍然有生产和使用。另外，多氯联苯并 - 对 - 二噁英（PCDDs）、多氯联苯并呋喃（PCDFs）、PCBs、五氯苯和六氯苯等会在一些人类活动中无意产生。

89. 什么是 POPs 论坛？

POPs 论坛是“持久性有机污染物论坛暨持久性有机污染物全国学术研讨会”的简称，是由清华大学持久性有机污染物研究中心发起，并与环境保护部《斯德哥尔摩公约》履约办、中国环境科学学会持久性有机污染物专业委员会、中国化学会环境化学专业委员会、新兴有机污染物北京市重点实验室共同主办的系列年会，旨在为我国 POPs 领域的学术界、管理界和产业界提供一个集思广益、共谋对策的高层次交流平台，纵观 POPs 履约国际动态和我国进展，研讨 POPs 研究热点和发展趋势，展示 POPs 分析和控制的高新技术与先进产品。2006—2015 年，论坛已经成功召开了十届。

CHIJIUXING YOUJI WURANWU（POPs）
FANGZHI ZHISHI WENDA

持久性有机污染物（POPs）

防治知识问答

第六部分
POPs 与生活

90. 日常生活中的POPs污染源主要有哪些？

POPs污染和传统污染的不同之处是，POPs污染一般是痕量低浓度污染，看不见、摸不到也闻不到，但是危害性相当大。

在日常生活中，我们几乎不可避免地要与这类物质相接触，施洒在田地里的有机氯农药随着雨水流入河川，或者附着在瓜果蔬菜上进入您的菜篮子；淘汰了的旧式电容器或者变压器可能就是隐藏在您身边的多氯联苯“炸弹”；垃圾焚烧炉、钢铁冶金、造纸等行业释放的二噁英落入附近的土地，又随雨水流入江河湖海……

以二噁英为例：主要的污染源是来自冶金工业、垃圾焚烧、造纸以及生产杀虫剂等产业。其中，由于燃烧不完全，垃圾焚烧所排放的二噁英占有较大比重。日常生活所用的胶带、PVC（聚氯乙烯）软胶等物都含有氯，燃烧这些物品时便会释放出二噁英，悬浮于空气中。二噁英能存在于大气、土壤、水、沉积物和食物中，特别是肉、鱼、贝壳等日常消费品中。其中，土壤、沉积物和动物体内的二噁英含量最高，水和大气中的含量较少。

因此，我们的生活中可能到处都存在着 POPs。

91. 现在人体内有 POPs 存在吗？

尽管目前大多数 POPs 已被停止生产和使用，但是世界上已很难找到没有 POPs 存在的“净土”了。相应地，几乎人人体内都有或多或少种类、或高或低含量的 POPs。

西班牙格拉纳达大学放射医学和物理治疗系的科研人员于 2008 年 1 月公布的一项最新研究结果表明，在他们所检测的 387 名成年西班牙人志愿者的脂肪组织样品中，100%都被检出有一种以上的持久性有机污染物，主要有滴滴涕的代谢物滴滴伊（检出率 100%）、多氯联苯 PCB153（检出率 92%）、六氯苯（检出率 91%）、多氯联苯 PCB180（检出率 90%）、多氯联苯 PCB138（检出率 86%）、六六六（检出率 84%）等。

而在北京进行的一项针对持久性有机污染物的调查发现，在北京采集的 300 多位孕妇的乳汁中，90% 检出多氯联苯或者有机磷农药等 POPs，约 10% 的人处在比较危险的水平。

92. POPs 是通过哪些途径与人体相接触或被吸收的？

在日常生活中，由于 POPs 无处不在，因此它可以通过我们呼吸的空气、皮肤接触含有 POPs 污染物的物品、饮食摄入等多种途径进入人体。由于 POPs 具有极强的疏水亲脂性，因此它被人体吸收

最主要的途径是通过在食物链中逐级富集从而进入食物链的顶端——人的体内。

以二噁英为例：日本的科学家研究表明，人们日常生活中的各种行为活动，如呼吸、饮食、接触等，都不可避免地会接触到二噁英。日本学者对一个正常人每天摄入二噁英的情况也做了一个研究，发现一个体重 50 kg 的成年人，一天摄入的二噁英量大约为 84 pg TEQ（pg，皮克，即 10 ～ 12g），也就是平均每千克体重每日的摄入量为 1.68 pg TEQ。具体为：每天每公斤体重因为呼吸大约摄入 0.039 pg TEQ，因为和土壤等物质接触大约摄入 0.012 pg TEQ，由于食用乳制品、海产品等其他一些食物大约摄入 1.63 pg TEQ。由此可以推断，二噁英进入人体的最主要途径是通过食物摄入。

93. POPs 污染对我们的生活会造成危害吗？

茶叶、水果、蔬菜、鱼类和乳制品等食物中含有 POPs，水体中也含有 POPs，甚至在我们呼吸的空气中也能检出 POPs，这是否说我们现在生活在一个到处都有 POPs 污染的危险环境中呢？

这个问题需要正确对待，不能因为存在 POPs 污染就感到恐慌。我们以 POPs 中最毒的二噁英为例，如果一个身体状况良好的人，每日摄入的二噁英在一定的阈值以下，即使长期地摄入二噁英，也不会对身体产生负面影响；或者在短期内的摄入量偶尔大于这个阈值，也不会产生负面影响。这个阈值被叫做 TDI（Tolerable Daily Intake，每日允许摄入阈值），日本的 TDI 值为 4 pg TEQ/kg 体重。经估算，一般人体每日通过各种途径摄入的二噁英量大约是 1.68 pg TEQ/kg 体重。因此，目前的环境状况对于我们人类来说还是耐受的，但是为了避免情况恶化，需要我们共同努力来减少和消除 POPs 污染。

94. 食用蔬菜和水果时如何尽可能地减少 POPs 的摄入？

首先，注意蔬菜和水果的挑选。由于农药主要是喷洒在蔬菜的叶子上，因此食用叶子的蔬菜，如鸡毛菜、菠菜、白菜、韭菜、花菜、花椰菜、芥菜等含有残留农药的可能性相对较大。番茄、辣椒、青椒、毛豆、长豇豆和葱农药污染略轻。而长在土壤里的萝卜、胡萝卜、土豆以及野生的竹笋、马兰头等含的农药最少，人工培育的发芽豆、豆芽菜等一般不含农药。

其次，注意洗菜方式。有人洗菜时，喜欢先切成块再洗，以为洗得更干净，但这是不科学的。蔬菜切碎后与水的直接接触面积将增大很多倍，会使蔬菜中的水溶性维生素如维生素 B 族、维生素 C 和部分矿物质以及一些能溶于水的糖类溶解在水里而流失。同时蔬菜切碎后，还会增大被蔬菜表面残留农药等污染物污染的机会。因此蔬菜不宜先切后洗，而应该先洗后切。

比较合适的洗菜方法有以下几种：①淡盐水浸泡：一般蔬菜先用清水至少冲洗 3 ～ 6 遍，然后在淡盐水中浸泡 1 小时，再用清水冲洗 1 遍。②碱洗：先在水中放上一小撮碱粉或碳酸钠，搅匀后再放入蔬菜，浸泡 5 ～ 6 分钟，再用清水漂洗干净。③用开水泡烫：在炒青椒、菜花、豆角、芹菜等时，下锅前可先用开水烫一下，可清除 90％的残留农药。④用淘米水洗：先将蔬菜在淘米水中浸泡 10 分钟左右，再用清水洗干净，也能使蔬菜上残留的农药成分减少。

95. 食用鱼类、肉类时如何减少 POPs 的摄入？

近海受人们生产活动和日常生活的直接影响，污染情况相对严重。如施洒在田地里的有机氯农药随着雨水流入河川、汇入大海；垃圾焚烧炉排放的二噁英落入附近的土地，又随雨水流入大海；工厂排放出的含有 POPs 的废水也顺着相同的途径进入大海。据抽样调查，近海海水和底质的有机氯农药、PCBs、二噁英等 POPs 的含量，要远远高于远海。

由于 POPs 在生物体内易发生生物蓄积，并且会沿着食物链逐级富集。近海鱼类，特别是含脂肪高的鱼类、食用小鱼的大型鱼类，体内往往积蓄着高浓度的 POPs。由于人在食物链中处于最高营养级，因此应尽量避免摄入 POPs 含量高的食物，少食用近海鱼类！即使食用，也要尽量避免食用鱼的脂肪组织。

另外，无论是鸡肉、鸭肉、猪肉、牛肉还是乳制品，这些富含脂肪的食物都可能受到 POPs 的影响。首先是饲料中残留的有机氯农药，难以排出畜禽体外；其次，受二噁英污染的农作物也会随饲料进入畜禽体内。由于 POPs 具有亲脂性，易蓄积在畜禽的脂肪中，因此，应尽量减少脂肪的摄入。

96. 如何饮食有利于排除体内的二噁英？

二噁英进入人体以后，一般蓄积在皮下脂肪、腹腔内脂肪、肝脏、卵巢等部位。二噁英即使是遇到生物类药品物代谢酶也是难以代谢和排泄的。一旦将二噁英摄入体内，就等于将其放进了储藏室，很难排泄出去。

随食物进入体内的二噁英首先被小肠吸收，经过血液散布到体内各部位，并将会随着血液再被运送到其他的内脏和组织中。例如进入肝脏的二噁英，会随着胆汁而排到十二指肠，被小肠吸收后再次进入体内各部位，形成所谓“肠肝循环”，使二噁英始终难以排出体外。

如果二噁英遇到食物纤维，排泄则相对快一些。以食物纤维解毒，正是反向利用了“肠肝循环”这一特点，在二噁英由肝脏排出而被小肠吸收之前，以食用的纤维食物和叶绿素使二噁英附着在上面，然后随着大便排出体外。医疗上推荐食用食物纤维来预防大肠癌和动脉硬化，就是基于这个道理。含食物纤维最多的是各种粗粮，如苞米、高粱米及米糠，其次为菠菜和萝卜叶。叶绿素是体内二噁英的优良清洗剂，它具有吸纳二噁英的独特功能，然后随着大便排出体外，从而起到解毒的效果。

97. 塑料包装的食物加热时应注意什么？

市场上包装食品的塑料薄膜主要是聚氯乙烯（PVC）或聚乙烯（PE）材料。因为PVC膜在制作过程中需要加入大量增塑剂，增塑剂在加热环境下容易释放并渗入食物中，人食用后会干扰体内分泌、诱发疾病，所以消费者不能将食品连同其原包装放入热锅或微波炉里加热。并且应尽量不使用塑料容器加热食品，特别是油性食品。

98. 家用电器中的变压器和电容器会有多氯联苯吗？

PCBs一般多用于电容器、动力变压器等大型电力设备中作为浸渍液，一般的家用电器的小型变压器和电容器中则不应含有多氯联苯类物质。

多氯联苯是一种用途广泛的人工合成的有机氯化合物，具有良好的化学稳定性、热稳定性、阻燃性、导热性和绝缘性。长期以来大量地用来做变压器、电容器的浸渍液，也用于液压系统做传压介质、导热系统做热传导介质。此外，还用于黏合剂、阻燃剂、印刷油墨、燃料添加等；以及塑料、树脂、油漆、橡胶添加剂等。

但是从用途来讲，PCBs 一般多用于电容器、动力变压器等大型电力设备中作为浸渍液，一般的家用电器的小型变压器和电容器中则不应含有多氯联苯类物质。同时，PCBs 主要生产和应用的年代是在20世纪80年代之前，我国当时生产的家用电器较少，并且大多已报废。因此，不用担心家用电器中的变压器和电容器中会有 PCBs 存在。

99. 拆解废旧电力设备会产生 POPs 污染吗？

由于一些陈旧的或报废的电力设备的电容器和变压器中的浸渍液可能为多氯联苯类物质，因此在拆解这些旧电力设备时很可能造成 PCBs 污染。

我国台湾省台南湾里地区于 20 世纪 60 年代末 70 年代初开始曾大量拆解过各种废旧电器，通过焚烧的方式来去除非金属部分、回收其中的金属，结果造成了严重的二噁英污染事故。

原国家环保局和能源部早在 1991 年 10 月就颁布了《防止含多氯联苯电力装置及其废物污染环境的规定》，其中明确规定“严禁任何单位和个人出售、收购、拆解含多氯联苯电力装置”，以防止拆解造成的 POPs 污染。

100. 拆解电子垃圾会产生哪些 POPs 污染？

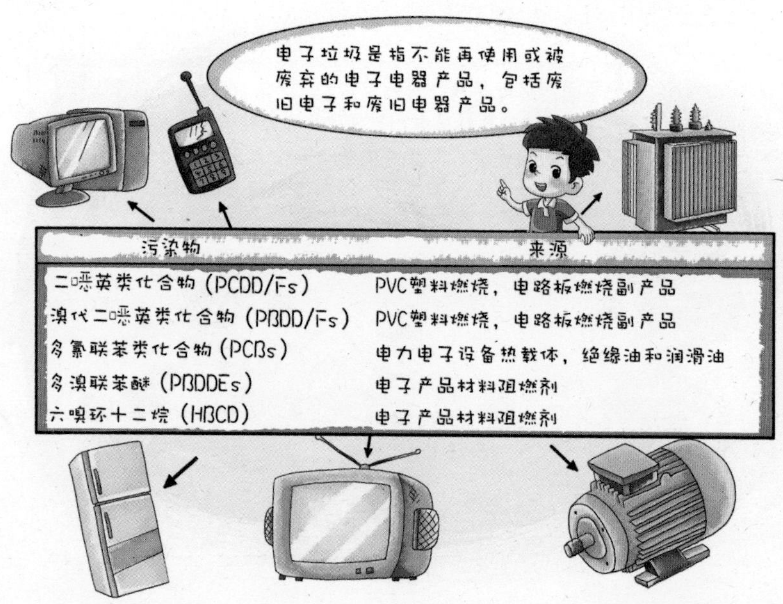

污染物	来源
二噁英类化合物（PCDD/Fs）	PVC塑料燃烧，电路板燃烧副产品
溴代二噁英类化合物（PBDD/Fs）	PVC塑料燃烧，电路板燃烧副产品
多氯联苯类化合物（PCBs）	电力电子设备热载体，绝缘油和润滑油
多溴联苯醚（PBDDEs）	电子产品材料阻燃剂
六嗅环十二烷（HBCD）	电子产品材料阻燃剂

电子垃圾是指不能再使用或被废弃的电子电器产品，包括废旧电子和废旧电器产品，如废旧手机、电脑、电冰箱、电视机、电动机、变压器等。随着电子技术的发展，电器产品更新换代速度也在不断加快，全球每年有 2 000 万～ 5 000 万 t 电子垃圾产生，并以约 4% 的年增长速度不断增加，是目前全球增长速度最快的固体废物。电子垃

圾所含化学成分复杂，除了含有具有回收价值的基础工业材料和贵重金属外，也含有大量 POPs。电子垃圾安全回收处置过程复杂、回收自动化程度低，其安全处置是一个全球性的难题，不规范的拆解及回收已经给环境和人类健康带来了一定的负面影响。

UNEP 2005 年的一份报告表明，全世界的电子垃圾有 80% 流入亚洲，其中输入我国的电子垃圾占 90%。此外，我国居民对各种电子产品的内在需求也在逐年增加，自 2003 年以来，我国电子垃圾自身产量达到每年 110 万 t，并且增长速度在 5% 以上。目前，电子垃圾拆解业主要分布在我国的沿海区域，其中广东贵屿和浙江台州已经成为国际上重要的电子电器垃圾拆解基地。我国电子垃圾拆解区域拆解点小而分散，拆解过程手段原始，一般通过焚烧、破碎、浓酸提取贵重金属等方法进行。拆解残渣和废液不少通过倾倒直接排放，导致电子电气产品中包括 POPs 在内的有害化学物质进入环境，电子垃圾焚烧过程还可能产生一系列二噁英。

101. 吸烟会摄入二噁英吗？

研究者发现多种香烟中含有二噁英。其中，英国香烟含量最高，平均每盒含量为 13.8 pg TEQ，日本香烟每盒含量为 6.1 pg TEQ，中国香烟每盒含量为 1.8 pg TEQ。美国国家环境保护局规定了人体每日摄入二噁英最高允许量，以体重计算，每公斤不超过 0.01 pg TEQ。吸一盒日本香烟相当于二噁英吸入量为 2.44 pg TEQ；吸一盒中国香烟相当于吸入二噁英量为 0.72 pg TEQ。而在排风不利的情况下，被动吸烟者每人吸入二噁英量则高达 0.5 pg TEQ 左右。如果一位体重为 65 kg 的吸烟者，每天吸一盒中国香烟，则其吸入的二噁英为 0.72

pg TEQ，已超过了其日最高吸入限量 0.65 pg TEQ。

研究者发现多种香烟中含有二噁英。其中，英国香烟含量最高，平均每盒含13.8 pg TEQ，日本香烟含量为6.1 pg TEQ，中国香烟含量为1.8 pg TEQ。

102. 一次性塑料餐具是否含有二噁英？

有报道说发泡塑料餐具在 65℃以上高温会产生致癌物质“二噁英”。这种说法对吗？

当然是错的。确实聚氯乙烯塑料在燃烧时可能会产生二噁英，但是我们知道形成二噁英的必要因素是要有含氯化合物，然而发泡餐具原料仅仅是聚苯乙烯，不含有产生二噁英的物质。虽然不会产生二噁英，但是目前一些劣质发泡餐具的加工原料中一些有害物质超标，加工工艺又没有得到很好的控制，使用过程中温度过高，这些都会导致餐具“带毒”，长期使用劣质发泡餐具对人体有害。

近年来市场上的一次性快餐盒已由泡沫饭盒转为环保饭盒，原来的泡沫饭盒由于不耐高温，且制作过程对环境造成破坏而被淘汰，取而代之的有塑料饭盒、纸制饭盒、木制饭盒、可降解饭盒等。由于塑料快餐盒在使用后不易在自然环境中自行降解，加上一些人环保意识淡薄，快餐盒被随意丢弃而造成的“白色污染”，因此应尽量少用一次性餐盒，并加强快餐盒的回收工作。

103. 垃圾焚烧产生二噁英的主要途径有哪些？

垃圾焚烧过程会产生二噁英，二噁英的产生机理主要有两种：

（1）不完全燃烧：垃圾在干燥过程和燃烧的初始阶段，当氧含量充足时，垃圾中低沸点的烃类气化或燃烧生成 CO、CO_2、H_2O 等；

但若氧含量不足，就会生成二噁英前驱物。这些前驱物与垃圾中的氯化物、O_2、O^{2-} 进行复杂的热反应，生成 PCDDs 和 PCDFs。

（2）燃烧后生成：不完全燃烧所产生的二噁英前驱物以及未燃尽的环烃物质，在烟尘中 Cu、Ni、Fe 等金属颗粒的催化作用下，与烟气中的氯化物和 O_2 发生反应，生成二噁英。催化反应温度为 300℃左右。

目前，高温焚烧已经成为处理垃圾的主流技术之一，国内外对垃圾焚烧的二噁英排放制定了严格的标准，先进焚烧技术可以有效控制二噁英的生成，将风险降到最低。

104. 垃圾露天焚烧会产生二噁英吗？

在我国城市和乡村，许多人对垃圾的露天焚烧见怪不怪。实际上，露天焚烧垃圾对环境和人体健康都非常有害。有数据显示，垃圾露天焚烧所产生的二噁英是现代化垃圾焚烧场所排放二噁英的

2 000 ～ 3 000 倍。

美国国家环境保护局曾对家庭露天焚烧混合垃圾、分类垃圾和现代化焚烧炉的排放进行过比较研究。研究发现，露天焚烧垃圾向大气排放的有害污染物至少有 20 多类，包括人们熟知的苯、丙酮、多环芳烃（PAHs）、氯苯、多氯联苯并 - 对 - 二噁英、多氯联苯并呋喃、多氯联苯、PM_{10}、$PM_{2.5}$、挥发性有机化合物（VOCs）等。焚烧所产生的灰渣中也富含二噁英污染物及重金属，如铅和铬。露天垃圾焚烧往往是低温不完全燃烧，这是导致二噁英产生量大的主要原因。

垃圾露天焚烧对环境与人体健康的威胁是显著的，居住在露天焚烧堆周围的人们应提高警惕，远离焚烧烟雾或采取行动制止这种现象的发生。

每公斤混合垃圾露天焚烧与受控焚烧厂污染物排放对比

单位：μg

污染物	露天焚烧	受控焚烧厂
二噁英类 (PCDDs)	38.25	0.0016
呋喃类 (PCDFs)	6.05	0.0019
氯苯类 (CBs)	424 150	1.16
多环芳烃类 (PAHs)	66 035.65	16.58
挥发性有机化合物 (VOCs)	4 227 500	1.17

105. 目前我国生活垃圾焚烧实施什么标准？

2014 年 5 月 16 日，环保部和国家质检总局发布了《生活垃圾焚烧污染控制标准》（GB 18485—2014）。2014 年发布的新标准与 2001 年的标准的主要不同表现在：新标准大幅提高了污染控制标准。新标准中二噁英控制采用国际上最严格限值 0.1 ngTEQ/m^3，较 2001 年标准可减排 90%；一氧化碳（CO）可减排 33.3%； SO_2 小时均值由 260 mg/m^3 下降至 100 mg/m^3，可减排 61.5%；重金属类检测标准限值在监测种类和排放指标上均有不同程度的加严，汞测定均值由 0.2 mg/m^3 降至 0.05 mg/m^3。其中，根据国内外研究结果，CO 与二噁英排放浓度具有统计相关性，而目前尚无在线监测二噁英技术，因此通过对运行工况进行在线监控 CO，可间接监控二噁英排放水平。

新标准明确了烟气排放的在线监控要求：新标准对单一排放标准一般要检测小时均值和 24 小时均值，提出在线和连续检测要求，并且要求检测数据在厂区外公示牌中显示，以接受公众监督；同时与监控中心联网，接受执法部门监督和管理。

新标准扩大了标准适用范围：生活污水处理设施产生污泥和一般工业固体废物专用焚烧设施污染控制参照该标准执行；若工业窑炉协同处置生活垃圾，掺加生活垃圾质量超过入炉（窑）物料总质量 30% 时，其污染控制按照该标准执行。

新标准明确了焚烧炉启动、停炉和事故排放要求：焚烧系统启动、关闭和故障时污染物产生量显著增大，因此，对焚烧系统启动、关闭和故障时持续排放污染物时间有严格限制，三者全年不能超过 60 小时；每个故障或事故发生时持续污染物排放时间不得超过 4 小时。

新建垃圾焚烧炉自 2014 年 7 月 1 日已经开始执行新标准，现存焚烧炉自 2016 年 1 月 1 日起执行。

106. 室外空气污染严重时，室内就一定安全吗？

室外空气污染严重时我们常常待在室内，因此室内环境与健康息息相关。其中室内灰尘是影响健康的重要因素，室内灰尘本身并不是单一的物质，而是多种不同物质的混合体。从化学成分上看，灰尘里可能含有各种有机物、无机物小颗粒，比如人的头屑、毛发、玩具表面涂漆的小碎片，或者是衣服上散落的纤维，等等。

因为灰尘中聚集了各种复杂的成分，在家庭室内环境中，灰尘成为了 POPs 等有毒有害物质的“汇集池”。现代社会，人们每天在室内的时间远多于在室外的时间；家是人们停留时间最长的地方之一。家中的灰尘无处不在，地砖上、电视柜上、饭桌上、灶台旁……随着我们的行走灰被带入空气中，通过呼吸作用进入我们的身体；或者随着我们不经意的碰触，沾到皮肤上，透过皮肤进入身体；甚至是飘落到饮水和食物中，通过消化系统进入人体。所以一定要做好室内环境清洁，减少室内灰尘。

107. 室内灰尘中含有哪些 POPs？

日常消费品中常人为添加一些化学物质，从而使产品具有理想的特性，如让塑料制品更加柔软、让家居产品具有防火功能，或能够除菌杀虫。不可否认，这些化学物质在一定程度上使我们的生活更加便利；但与此同时，这些化学物质可能会带来一些容易被我们忽视的危害：随着产品的频繁使用和老化，化学物质可以从产品中“逃逸”

出来，进入室内环境，成为室内污染源。这些有毒、有害物质在消费品中的广泛使用，可能是它们存在于室内灰尘中的原因之一。

2000年，绿色和平组织在欧洲各国的议会大楼办公室的灰尘样品中，都发现了含量可观的溴代阻燃剂和有机锡化合物；2003年，他们调查了来自英国的100个家庭及其他场所的灰尘样本，在所有灰尘样本中都发现了邻苯二甲酸酯、溴代阻燃剂和有机锡化合物，并在超过3/4的样本中发现了壬基酚和短链氯化石蜡。2001年，研究人员对119处美国的办公室和家庭的调查发现灰尘样本中含有邻苯二甲酸酯、农药残留物以及多环芳烃物质。2003年，日本首次报道了室内灰尘中全氟化合物（PFCs）的存在情况，在16个室内灰尘样品中检出全氟辛烷磺酸（PFOS）和全氟辛酸（PFOA）。

由此，人们逐渐发现室内灰尘中普遍存在多种有毒、有害物质。人们可能通过呼吸、食物摄入和皮肤接触等方式，暴露于灰尘及其所携带的有毒、有害物质之中。

108. 为什么儿童更易受到灰尘中 POPs 的影响？

儿童在成长过程中，大都会经历一个“爬行”的阶段，甚至在经过爬行阶段之后，孩子们也喜欢在地上或坐或滚。这些行为使小孩比大人更容易接触到灰尘，吸入更多的灰尘。不仅如此，孩子们常常有吃手的习惯，小一点的孩子甚至还会直接把玩具等放进嘴里，这就增加了他们接触到灰尘的概率，也就增加了接触 POPs 污染物的机会。因此，要注意儿童活动区域的环境质量，做好清洁工作，降低儿童的暴露风险。

109. 怎么才能消除室内污染对人体的危害？

为有效减少室内污染，企业应逐步减少在生产过程中使用有毒、有害物质，最终完全消除有毒、有害物质的使用，建立一个真正“无毒”的未来。对于家庭来说，应该选用安全无毒的产品，另外还要做好室内清洁，减少室内灰尘。

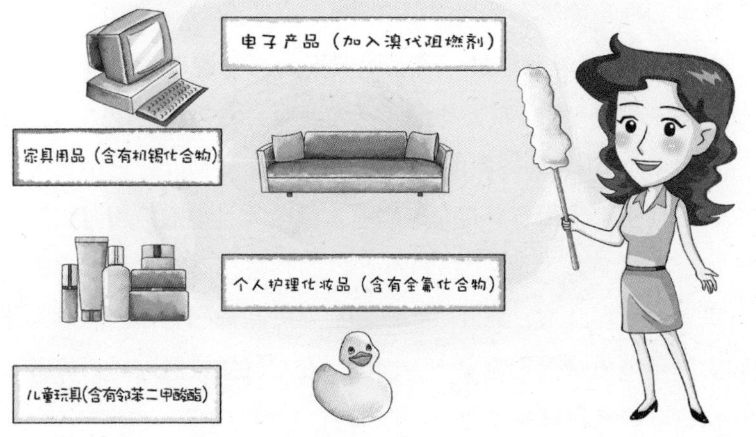

总的来看，家庭日常使用的消费品，如电子产品（加入溴代阻燃剂）、家具用品（含有机锡化合物）、个人护理化妆品（含有全氟化合物）、儿童玩具（含有邻苯二甲酸酯）等，由于含有一系列有毒、有害物质，最终成为了室内环境潜在的污染源。在产品频繁使用、老化等过程中，这些有毒有害物质会进入室内环境，汇集在室内灰尘中，进而通过某些途径进入人体。

家应该是人们的避风港，而不是环境风险来源地；为有效减少室内污染，企业应逐步减少在生产过程中使用有毒、有害物质，最终完全消除有毒、有害物质的使用，建立一个真正“无毒”的未来。对于家庭来说，应该选用安全无毒的产品，另外还要做好室内清洁，减少室内灰尘。

110. $PM_{2.5}$ 中含有 POPs 吗？

$PM_{2.5}$ 是指环境空气中空气动力学当量直径小于等于 2.5μm 的颗粒物。它能较长时间悬浮于空气中，其在空气中浓度越高，就表明空气污染越严重。虽然 $PM_{2.5}$ 只是大气成分中含量很少的组分，但它对空气质量和能见度等有重要的影响。

POPs 由于具有亲脂性，容易吸附在含有机碳的悬浮颗粒物上，大气中的灰尘是 POPs 重要的汇。研究表明，通常粒径越小的颗粒物更容易吸附 POPs。与较粗的大气颗粒物相比，$PM_{2.5}$ 粒径小、比表面积大、活性强，易附着有毒有害物质，且在大气中的停留时间长、输送距离远，能负载大量包括 POPs 在内的有害物质穿过鼻腔中的鼻纤毛，进入血液和肺泡，对呼吸系统和心血管造成伤害，因而对人体健康和大气环境质量的影响更大。因此，在空气质量较差时，应减少外出，做好呼吸系统防护。

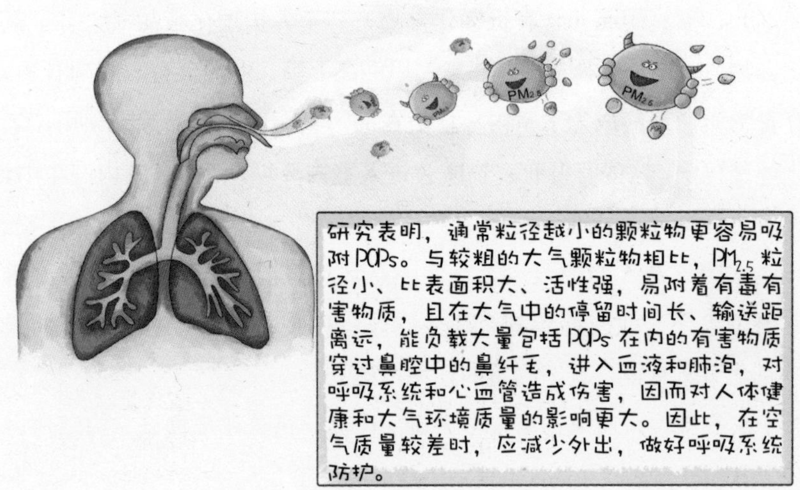

附录

专业名词中英文与简写对照表

简写	英文全称	中文全称
2,3,7,8-TCDD	2,3,7,8-Tetrachlorodibenzo-*p*-dioxin	2,3,7,8- 四氯二苯并 - 对 - 二噁英
AFFF	Aqueous Film Forming Foam	水成膜泡沫
BAT/BEP	Best Available Technology/Best Environmental Practice	最佳可行技术 / 最佳环境实践
DDT	Dichloro-Diphenyl-Trichloroethane	滴滴涕
DeBDE	Decabrominated Diphenyl Ethers	十溴联苯醚
DLCs	Dioxin-like Chemicals	二噁英类化合物
HBCD	Hexabromocyclododecane	六溴环十二烷
HCB	Hexachlorobenzene	六氯苯
HCH	Hexachlorocyclohexane	六六六
IARC	International Agency for Research on Cancer	国际癌症研究机构
IFCS	International Forum on Chemical Safety	化学品安全政府间论坛
INC	Intergovernmental Negotiating Committee	政府间谈判委员会
IPM	Integrated Pest Management	综合害虫防治
$\lg K_{ow}$	*n*-Octanol - Water Partition Coefficient	正辛醇 / 水分配系数
OcBDE	Octabrominated Diphenyl Ether	八溴联苯醚
PBBs	Polybrominated Biphenyls	多溴联苯
PBDEs	Polybrominated Diphenyl Ethers	多溴联苯醚
PCBs	Polychlorinated Biphenyls	多氯联苯
PCDDs	Polychlorinated Dibenzo-p-dioxins	多氯二苯并 - 对 - 二噁英
PCDEs	Polychlorinated Diphenyl Ethers	多氯联苯醚
PCDFs	Polychlorinated Dibenzofurans	多氯二苯并呋喃
PCNs	Polychlorinated napthalenes	多氯代萘
PE	Polyethylene	聚乙烯
PeBDE	Pentabrominated Diphenyl Ether	五溴联苯醚

简写	英文全称	中文全称
PFC	Perfluorinated Compounds	全氟化合物
PFOA	Perfluorooctanoic Acid	全氟辛酸
PFOS	Perfluorooctane Sulphonate	全氟辛烷磺酸
PFOSF	Perfluorooctane Sulfonyl Fluoride	全氟辛烷磺酰氟
PM_{10}	Particulate matter with particle size below 10 microns	可吸入颗粒物
$PM_{2.5}$	Particulate matter with particle size below 2.5 microns	细颗粒物
POPRC	Persistent Organic Pollutants Review Committee	持久性有机污染物审查委员会
POPs	Persistent Organic Pollutants	持久性有机污染物
PVC	Polyvinyl Chloride	聚氯乙烯
REACH	REGULATION concerning the Registration, Evaluation, Authorization and Restriction of Chemicals	欧盟《化学品的注册、评估、授权和限制》法规
SCCPs	Short-Chain Chlorinated Paraffins	短链氯化石蜡
SCR	Selective Catalytic Reduction	选择性催化还原
TDI	Tolerable Daily Intake	每日允许摄入阈值
TEQ	Toxic Equivalent Quantity	毒性当量
UNEP	United Nations Environment Programme	联合国环境规划署
UP-POPs	Unintentionally Produced POPs	非故意产生 POPs
USEPA	United States Environmental Protection Agency	美国国家环境保护局
VOCs	Volatile Organic Compounds	挥发性有机化合物